JN495198

Fundamentals for Maintenance
Management of Weapon System

무기체계 정비관리 기초

조 필 군 저

머리말

인류역사의 대부분이 쟁기를 두들겨서 무기를 만들고 사용한 전쟁의 역사이며, 전쟁과 무기의 역사는 불가분의 관계를 유지하면서 때로는 전쟁을 통해 무기가 발전했는가 하면 때로는 신무기의 개발을 통해 전쟁을 승리로 이끌어 왔음을 알 수 있다. 현대전은 첨단과학기술을 적용한 무기체계를 기반으로 수행되고 있으며, 4차 산업혁명 시대의 미래전쟁에서는 지금보다 한층 발전된 과학기술을 기반으로 하는 무기체계에 의해 전개될 것으로 전망된다. 이러한 무기체계는 보다 지능화된 정밀복합장치들로 구성됨에 따라 장비운용의 신뢰성을 보장하기 위한 정비(maintenance)의 중요성이 더욱 증대될 것이다.

이 책은 저자의 군 생활 경험과 현재 군에서 적용하고 있는 교리와 규정을 토대로 제1장 정비의 개념과 원칙, 제2장 정비의 필수 요소, 제3장 정비지원체계, 제4장 장비의 분류, 제4장 정비부대의 편성 및 기능, 제6장 야전정비 근무, 제7장 정비능력판단, 제8장 종합군수지원(ILS)와 정비 등 정비의 개념으로부터 야전에서의 정비근무 활동에 이르기까지 내용으로 구성하였다.

이 책을 통해서 국방기술 및 군사학 관련 대학의 학생들이 무기체계에 관한 정비관리의 기초적인 소양을 배양함으로써 군의 초급 간부로서 능력을 구비하는데 작은 도움이 될 수 있기를 희망한다. 끝으로 이 책의 발간을 성원해 주신 도서출판 신화전산기획에 감사를 드린다.

2019년

저 자 씀

차 례

Chapter 1

정비의 개념과 원칙

Section 01. 정비의 정의

정비(Maintenance)는 장비 및 물자를 항상 사용 가능한 상태로 유지하거나, 사용 불가능한 것을 사용 가능한 상태로 복구시키는 일체의 행위를 말한다. 이처럼 정비는 최초에 설정된 장비의 기준수명을 더욱 연장시키기 위한 것이 아니라 장비를 사용 가능 상태로 유지하려는 소극적인 행위이다.

▲ 그림 1. 정비의 개념

정비 행위는 장비 및 물자를 사용 가능상태로 유지하는데 필요한 수리, 재생, 손질, 검사, 시험, 개조, 교정, 보존 등이 포함된다. 정비 분야 실무에서 정비와 수리(Repair)는 다른 개념으로 사용된다. 즉 정비는 장비가 사용 가능상태에 있는 것을 계속적인 사용이 가능한 상태로 유지하는 행위뿐만 아니라 사용이 불가능한 것을 사용이 가능한 상태로 복구시키는 행위를 포함하는 반면에 수리는 사용이 불가능한 것을 사용이 가능한 상태로 복구시키는 행위만을 그 대상으로 하는 점에 차이가 있다. 정비 행위의 종류는 다음 〈표 1〉과 같다.

▼ 표 1. 정비 행위의 종류

정비 행위	개념 정의
검사(Inspect)	품목의 물리적 · 기계적 특성을 조사(시각, 청각, 촉각 사용)하여 정해진 기준과 비교를 통해 사용가능 여부를 결정하는 것임
시험(Test)	품목의 기계적 · 공압적 · 유압적 · 전기적 특성을 규정된 기준과 비교하여 품목의 사용 가능성을 확인하는 것임
근무(Service)	장비 및 장치를 적절한 상태로 유지하기 위하여 정기적으로 손질, 보존, 배유, 배출, 도색 또는 연료, 윤활유, 유압유, 압축공기 등의 보충에 필요한 작업을 실시하는 것임
조정(Adjust)	정확한 위치에 놓거나 또는 작동특성 등을 일정한 한계 내에서 유지토록 하는 것임
정렬(Alignment)	최적의 성능을 발휘하도록 어떤 품목의 특정 가변요소를 조정하는 것임
측정 (Calibration)	교정시 사용되는 시험, 측정 및 진단장비나 도구 등과 같은 정밀측정 장비를 조정하기 위해 2가지 도구를 비교하는 것임
제거 및 설치 (Remove & Install)	근무 또는 정비기능을 수행하기 위해 동일 품목을 제거 및 설치하는 것으로, 설치는 장비 또는 장치가 적절한 기능을 발휘하도록 부분품, 결합체, 구성품을 위치 및 고정시키는 행위임
교 환(Replace)	사용 불가능한 품목을 제거하고 그 자리에 사용이 가능한 대용품을 설치하는 것으로, 교환은 정비할당표에 의해 인가됨
수 리(Repair)	결함 및 고장발견, 제거 및 설치, 분해 및 결합을 포함하는 제반 정비근무와 고장을 식별하여 부분품, 결합체, 구성품의 손상, 결함, 기능장애나 고장을 교정함으로써 사용이 가능 상태로 복구시키는 행위임
분해검사 (Overhaul)	어떤 품목을 창정비 작업요구서(DMWR)의 정비기준에 의거 수행되는 최고 수준의 정비계단이며, 분해 검사를 실시할 경우 보통 신품과 같은 상태로는 복구되지 않음
재 생(Rebuild)	사용 불가능한 장비 및 구성품, 결합체를 해체하여 상태를 파악하고 마모되었거나 사용 불가능한 부분을 수리 및 교환하여 다시 결합함으로써 장비 및 구성품, 결합체의 형태, 성능, 사용 수명을 신품 또는 신품에 가까운 수준으로 복구시키는 군 최고 수준의 정비임

Section O2. 정비의 목표와 원칙

정비의 목표는 장비가 임무수행이 가능하도록 최상의 가동상태를 유지하고, 장비별로 정해진 장비의 가동목표 수준을 유지하여 수명기간 동안에 최소의 비용과 정비활동으로 신뢰도 · 가용도 · 정비도(RAM)를 보장하는데 있다. 이러한 정비활동은 장비를 사용하는 곳에서 임무수행을 위해 필요로 하는 시기에 즉각 사용이 가능하도록 불가동 장비를 신속히 복구하는데 주안을 두어야 한다. 따라서 효율적인 정비에 의하여 장비의 기준수명을 유지할 수 있고, 장비의 신뢰도(reliability)를 향상시킴으로써 추가적인 정비 발생의 소요를 억제하고 임무수행 능력을 증진시킬 수 있다. 정비의 원칙은 정비의 목표를 달성하기 위해 정한 일련의 행동지침으로서, 모든 제대의 정비부대는 다음과 같은 정비의 원칙에 따라 정비 업무를 수행해야 한다.

▲ 그림 2. 정비의 원칙

1 사용자 정비 우선의 원칙

정비는 장비를 운용하는 사용자 즉, 최하급부대에서 우선적으로 수행하여야 한다. 따라서 부대가 보유한 장비에 대한 일차적인 정비 책임은 사용자와 이것을 감독하는 지휘관에게 있다.

2 상급부대 정비지원의 원칙

모든 장비는 사용자 정비를 통해 결함을 조기에 발견하고 이를 시정하여야 하나 사용부대의 정비기술, 정비시설, 정비 장비 및 공구, 수리부속품 등이 제한되거나 전술상황 등으로 인해 정비임무를 원활히 수행할 수 없을 때는 상급의 정비부대에서 지원하여야 한다.

3 정비계단 초과 정비금지의 원칙

정비작업은 해당 부대에 허용된 정비의 기술수준을 준수하고 인가된 정비계단 내에서만 수행하여야 한다. 이것은 해당부대의 정비기술, 정비장비 및 공구, 정비시설 등의 능력을 고려하여 담당할 정비의 한계를 설정함으로써 계단 초과정비로 인해 야기될 수 있는 고장 부분의 확대, 수리부속품 추가 소요, 상급 지원부대로의 후송증가 등을 방지하는데 있다. 따라서 각 부대에서는 허용되지 않은 상급 정비계단의 정비작업을 수행할 수 없으며, 이와 관련된 수리부속품과 정비용 공구를 청구할 수 없다. 단, 정비계단 하향 조정 등으로 허용된 부분에 대해서는 정비할 수 있다.

4 동류전용 제한의 원칙

동류전용(Cannibalization)은 특정장비의 조립체나 부분품을 탈거하여 타 장비에 부착하여 사용하는 것을 말한다. 동류전용은 필요한 시간 내 수리 부속품이 가용하지 않을 때 주요한 보급원이 될 수 있으나 무절제한 동류전용은 오히려 정비나 보급소요를 증가시키는 요인이 되므로 다음의 경우를 제외하고는 엄격이 통제되어야 한다.

1) 단시간 내 정비 · 보급지원을 받을 수 없는 접적지역에서의 비상사태 하
2) 군수참모부장이 설정한 특정장비의 지정품목

3) 폐 처리가 인가된 장비 또는 구성품

4) 창정비 대기 장비 중에서 군수사령관이 승인한 경우와 그 품목

5 불가동(D/L)장비 신속 처리의 원칙

상급부대의 정비지원을 받을 수 없는 불가동 장비는 최단 시간 내 상급정비부대로 이송[1]하거나 후송[2]한다. 이것은 불가동 장비를 신속히 처리함으로써 계단 초과정비 요인을 제거하고 고장부위의 확대를 방지하며, 고장장비를 신속히 정비하여 복귀하도록 하는데 그 목적이 있다.

6 아이론(IROAN)정비의 원칙

아이론(IROAN) 정비는 정확한 검사를 통하여 반드시 필요한 부분만을 정비하는 것을 말하며, 이것은 장비의 불필요한 분해로 인해 발생할 수 있는 고장의 확대를 방지하는 동시에 정비에 소요 되는 비용과 정비 시간을 최대한 절감하여 경제적인 정비가 가능하도록 하는 데 있다.

7 근접정비지원의 원칙

근접정비지원은 정비부대가 전투부대에 근접하여 적극적으로 정비 지원하는 것으로서, 고장장비에 대한 전투부대의 이송 및 후송 부담을 없애고, 고장 장비의 신속한 정비 복구를 위한 것이다. 이것을 위해 정비지원부대는 숙련된 정비병, 현대화된 정비용 장비 및 공구, 필수 소요 수리부속품의 사전확보, 피지원부대의 요구에 상시 응할 수 있는 기동력과 통신수단 및 자체 방호능력 등을 갖추어야 한다.

---

1) 현장에서 정비 또는 처리할 수 없는 장비를 정비 또는 처리할 수 있는 곳으로 옮기는 행위를 뜻하며, 이때 전투지역에서의 이송은 현장으로부터 연대 치중대까지임.

2) 현장 또는 하급 정비시설에서 정비할 수 없는 장비를 상급 정비시설 또는 후방으로 옮기는 것을 말함.

Chapter 2 정비 필수 요소

효율적인 정비 업무를 지원하기 위해서는 우수한 기술의 정비요원을 확보하고, 정비용 장비 및 공구, 수리부속품, 정비시설 등 정비에 필수적으로 요구되는 사항을 항상 잘 갖추고 있어야 한다.

Section 01. 정비 인력

1 기술 준사관

기술 준사관은 자격조건이 원사 또는 상사 계급에서 2년 이상 복무중인 자로서 기술분야에서 2년 이상 근무한 경험자를 3단계에 걸쳐 선발하여 육군3사관학교에서 10주 임관교육을 마치고 해병과 학교에서 주특기교육 4주를 수료 후에 야전부대에 배치된다. 기술 준사관은 해 주특기 분야의 최고 기술 인력으로서 야전에서 부여된 직책에 보직되어 활용하여야 하며, 비인가 또는 타 직책에 보직되어 인력낭비가 되지 않도록 해야 한다.

2 기술 부사관

기술부사관은 획득방법에 따라 현역병 및 예비역에서 부사관으로 지원하는 경우와 고교졸업자로서 소정의 자격을 갖춰 지원 입대하는 경우, 그리고 전문(기능)대학 군 장학생으로 선발되어 소정의 장학금을 지급 받고 수학 후에 입대하여 부사관으로 임관되는 경우 등 다양한 방법에 의해 획득이 이루어진다. 특히 현역 상병 및병장, 전역 후 2년 이내 예비역 병장은 단기복무 부사관 장려수당이 지급이 된다. 이러한 획득방법에 의해 선발된 부사관은 부사관 학교에서 임관교육을 수료하고 해병과 학교에서 주특기의 특성에 따라 10~15주간 해 주특기 교육을 수료 후에 야전에 배치된다.

3 특기병

특기병은 획득방법에 따라 징집과 모집으로 분류하며, 징집에 의한 기술·행정병은 육군훈련소에서 6주 교육수료후 해 병과학교에서 주특기교육 수료후 야전에 배치되고 일반병은 각군 보충대에서 사단 신교대 신병교육 6주 수료후 특기병 주특기를 부여받고 배치된다. 또한 지원에 의한 모집병은 13개 모집부대에서 공개모집으로 126개 특기를 모집하여 육군훈련소에서 신병교육 6주 수료후해 병과학교에서 주특기 교육 수료후 야전에 배치가 된다.

4 군무원

군무원은 업무수행 내용에 따라 일반(기술·행정)군무원, 기능군무원, 별정군무원으로 구분한다. 일반군무원은 기술, 연구 또는 행정 일반에 대한 업무를 담당하는 군무원으로 실제 야전 정비 및 탄약부대에서 근무하는 기계금속 직군과 병기, 탄약, 차량직군이 여기에 해당되며, 기능군무원은 기능적인 업무를 담당하는 군무원으로 기계기사, 전기기사, 시설기사 등이 해당되고, 별정군무원은 전시·사변 등의 국가비상시와 직무내용, 책임의 특수성 등을 고려하여 임용하는 군무원으로 군 교육기관의 교관이나 예비군 관리업무를 수행하는 군무원으로 별도의 인사관리가 필요할 때 임용하는 군무원을 말한다.

5 군 정비 인력의 군사특기

군사특기는 직위의 직무를 전문적으로 수행할 수 있도록 군사업무와 관련된 분야별로 필요한 부호를 부여한 체계를 말한다. 병과는 전투병과, 기술병과, 행정병과, 특수병과로 구분하고, 직군은 병과 내에서 특정기술 및 기능별로 세분화한 것을 말한다. 기능특기는 직군 내에서 장기간에 걸쳐 기술습득이 요구되는 전문 직위자격을 표시하는 부호이다.

가. 기술 준사관

기술 준사관의 군사특기는 다음과 같이 3자리 숫자부호로 표시한다. 첫째, 둘째 자리 숫자는 병과를 나타내며, 셋째자리 숫자는 병과내 특정한 기술 및 기능을 세분화한 분야의 자격을 나타낸다. (예 251, 25 : 병기병과, 1 : 차량수리에 대한 자격)

▼ 표 2. 준사관 특기 분류 : 예(병기병과)

병과	특 기 / 명 칭	병과	특 기 / 명 칭
병기	221(발칸포 정비 및 수리관)	병기	222(오리콘 정비 및 수리관)
	223(비호 정비 및 수리관)		224(지대지로켓 정비 및 수리관)
	225(대공유도무기 정비 및 수리관)		226(저고도 레이더 정비 및 수리관)
	227(표적탐지레이더 정비 및 수리관)		228(자동측지장비 정비 및 수리관)
	231(대전차유도무기 정비 및 수리관)		232(총포수리관)
	233(광학기재 정비 및 수리관)		234(감시장비 정비 및 수리관)
	251(차량수리관)		252(전차차체 정비 및 수리관)
	253(전차 포탑 / 사격통제장비 정비 및 수리관)		254(장갑/자주포 정비 및 수리관)
	255(유압 공병 중장비 수리관)		256(발전기/공병소형장비 정비 및 수리관)
	257(화학장비 정비 및 수리관)		258(정비 및 근무지원관)
	271(장비 및 수리부속 보급관)		291(탄약 관리관)
	292(탄약검사 정비관)		293(폭발물 처리관)

나. 기술 부사관

기술 부사관의 군사특기는 하사 임관시 병과 및 직군으로 부여하며, 직군은 개인의 적성, 교육, 자격면허, 신체조건, 사회경력, 기술정도 및 군교육 이수과정을 토대로 하여 군의 인력소요를 고려 부여한다. 정비 및 탄약부대에서 근무하는 부사관의 직군과 특기병의 분류는 다음과 같다.

▼ 표 3. 기술부사관 / 특기병 주특기 분류 : 예(병기병과)

병과		직군(부사관)	특 기 (병)
병 참		214(장비수리부속보급)	• 2141(장비보급) • 2144(특수무기 보급) • 2145(수리부속보급)
병기	I	221(대공포수리)	• 2211(발칸포수리) • 2212(오리콘포수리) • 2213(오리콘포사격) • 2214(비호수리) • 2215(비호사통장비수리)
		223(로켓무기수리)	• 2221(다련장수리) • 2222(어네스트존수리) • 2223(현무수리) • 2224(현무지휘통제장비수리)
		223(유도무기수리)	• 2231(휴대용유도탄수리) • 2232(천마수리) • 2233(천마사통장비수리) • 2234(저고도레이다수리)
	II	231(총포수리)	• 2311(총기수리) • 2312(화포수리) • 2313(BTCS수리)
		232(광학/감시장비수리)	• 2321(광학기재수리) • 2322(감시장비수리)
		233(K-1전차수리)	• 2331(K1 전차차체수리) • 2332(K1 전차포탑수리) • 2333(전차사격기재수리)
		234(M계열전차수리)	• 2341(M47/M48차체수리) • 2342(M47/M48포탑수리) • 2343(전차사격기재수리)
		235(자주포수리)	• 2351(자주포수리) • 2352(K-9자주포수리)
		236(장갑차수리)	• 2361(장갑차수리)
	III	241(유선수리)	• 2411(유선장비수리) • 2413(기록통신장비수리)
		242(무선/다중장비수리)	• 2421(무선장비수리) • 2423(중계/반송기수리) • 2424(M/W장비수리)
		243(특수통신수리)	• 2431(레이다수리) • 2432 (전자전장비수리) • 2433(시청각장비수리) • 2434 (보안장비수리) • 2435 (자동화장비수리)
	IV	251(일반차량수리)	• 2511(경차량수리) • 2512(중/특수차량수리)
		253(공병장비수리)	• 2531(유압장비수리) • 2532(건설장비수리) • 2533(발전기장비수리) • 2534(공병전투장비수리)
		256(일반장비수리)	• 2561(용접/철물수리) • 2562(기계공작) • 2563(병참장비수리) • 2564(화학장비수리) • 2565(의무장비수리)
	V	291(탄약운용)	• 2911(탄약관리) • 2912(탄약검사 및 정비) • 2913(탄약처리)

다. 특기병

특기병의 특기는 기술부사관과 동일한 원칙하에 하나만 부여하고 가급적 변경하지 않음을 원칙으로 한다. 또한 부사관의 기능 특기와 비슷한 개념으로 무기체계별 또는 장치별로 세분화하여 부여한다.

라. 군무원

군무원 인사관리에서 사용하는 직군은 직무의 성질이 유사한 직렬의 군을 말하며, 직렬은 직무의 종류가 유사한 특기로 볼 수 있다.

▼ 표 4. 군무원 특기분류 : 예

구분	직군	직 렬
일반직 (행정)	행정	행정, 외자, 전산, 사서, 생산(5)
	정보	군사정보, 기술정보, 수사(3)
일반직 (기술)	시설	토목, 건축, 냉난방(3)
	전기전자	전기, 전자기기, 통신, 정밀측정(4)
	기계금속	기계설계, 기계공작, 주조, 모형, 용접, 판금, 제관, 도금(8)
	병기	무장통제, 무장, 총포, 화학병기(4)
	탄약	탄약, 유도탄(2)
	차량	건설장비, 전차, 일반차량, 기관(4)
	함정	선목, 함정기관, 항해, 선거, 잠수(5)
	항공	기체, 항공기관, 항공보기, 항공도장, 항공지원(5)
	보건	약무, 병리임상, 방사선, 보철, 의지, 의안, 의료구, 영양관리(9)
	시험분석	물리분석, 화학분석, 환경관리(3)
	기상	기상장비, 지상예보(2)
	산업응용	인쇄, 지도, 사진, 항공사진(4)
기능직	행정	전산, 발간, 행정보조(3)
	병참	병참(1)
	농림	사육(1)
	보건위생	이미용, 조리, 보건, 의무기록(4)
	시설	조경, 시설, 목재(3)
	통신	교환, 전신타자, 통신보조(3)
	기술지원	운전, 기계, 전기(3)
	잡무	잡무(1)
별정직		교관, 항공조종, 간호, 예비군관리, 운동선수(5)

Section 02. 정비용 장비 및 공구

정비용 장비 및 공구는 정비능력 발휘의 중요한 요소로서 정비인력, 정비시설, 수리부속 등과 함께 제 요소들이 잘 결합되어 지원될 때 효율적 정비지원이 가능하다.

1 정비용 장비

정비용 장비는 용접기나 선반, 밀링, 시험장비 등과 같이 정비를 위해 필요한 장비를 말한다. 정비용 장비는 편성 및 장비표(T/O & E)에 부대별로 인가된 장비 종류 및 수량이 명시되어 있다. 정비용 장비도 수명주기 간 정상적인 가동상태를 유지하기 위해서는 주기적인 정비가 필요하다.

2 정비용 공구

각 부대에서는 필요한 공구를 지원시설에 청구하여 확보하게 되는데 청구절차는 다음과 같다. 먼저 단위부대는 일품검사결과 또는 사용중 폐품 발생시 편성부대 물품 출납관에 의해 폐품으로 판정되면 물품 운용관과 상호 완결한 거래증을 전산 입력한다. 편성부대는 단위부대의 일품검사 및 수시로 발생하는 폐품발생 실적 근거에 의거 청구하여야 한다. 소모삭제 공구는 공구현품과 관련문서(소모내역서, 지휘관확인서, 전산보급 거래문서)를 해당 지원시설부대 수집소의 담당출납관이 날인한 후 재산이 감소되면 청구한다. 부족량은 공구셋 인가 배당표, 장비부수 공구 기준표를 참조하여 지원시설에 청구한다.

▼ 표 5. 공구의 분류

구분	내 용	
방법상 분 류	수공구 (Hand Tool)	• 사람이 조작하거나 손에 의해서 조작되는 공구 • 장비 정비용 공구가 대부분
	기계공구 (Machine Tool)	• 손으로 직접 또는 간접 조작에 의해 작업능률을 향상시켜 주는 기계공구 • 주로 고정식 장비이며 동력에 의해 가동
운영상 분 류	부대관리 공구	• 장비정비와 무관한 부대운영시 소요되는 공구(예 축성작업 공구, 목공 공구, 전투화 정비공구, 장벽자재 설치공구)
	장비정비용 공구	• 각종 자이를 정비시 사용하는 공구로서 운용자 및 정비요원에 의해서 사용되는 공구 (예 OVM/OEM공구, 부대 · 야전 · 창 정비용 공구)
계정상 분 류	낱개공구	• 획득 및 관리시 낱개 단위로 재산대장에 계정하는 공구
	결합체 공구	• 화포정비용 공구셋, 부대정비용 공구셋 보충1호, 렌치셋 등
용도상 분 류	정비성능 시험공구	• 장비의 주요기관의 성능을 시험하는 공구 (예 노즐시험기, 엔진가동 측정시험기, 회전속도시험기)
	연마 및 절삭공구	• 물체를 다듬고 절단하는데 사용하는 공구 (예 그라인더 머신, 밀링 머신)
	유류취급용 공구	• 장비의 마찰부분을 원활히 작동하기 위해 주유하는 공구 (예 Oiler, Grease Gun, Grease Pump)
	무기정비용 공구	• 주로 화기를 정비할 때 사용하는 공구 (예 소화기 분해구, 두격 게이지, 신관렌치)
	축성공구	• 개인 작업용 공구 (예 공병삽, 햄머, 도끼)
	측적용 공구	• 길이, 두께, 중량 등을 측정하는 공구 (예 Rule, 캐리퍼, 각종 게이지)

지원시설 부대인 사단 및 군수지원사령부는 공구코드별 구성품 현황을 검증하여 편성부대의 청구서를 전산처리 한다. 이때 인가보다 적게 보유하고 있을 경우에는 보급 또는 불출예정(D/O)으로 설정하고 인가보다 많이 보유하고 있을 경우에는 과다청구로 취소 처리한다. 또한 피지원부대 공구코드별 구성품 인가대 보유현황을 전산유지 및 관리해야 한다. 지원부대의 공구 관리는 정비용공구, 장비부수공구, 비인가공구로 구분하여 품목단위로 관리하며, 편성 및 단위부대의 공구 관리는 공구셋별, 구성품별로 공구를 보관 관리하고, 재

산대장이나 각종 현황을 유지할 경우에도 공구셋별 구성품 단위로 기록 계정한다.

Section 03. 정비시설 및 수리부속

정비시설은 견인, 운반, 인양을 위한 시설에 고정된 장비와 기재, 공구실, 탈의실 등의 부대시설 및 정비고를 포함하며, 일반적으로 정비고를 지칭한다. 정비고는 편제상 정비책임을 가지고 있는 소부대의 정비고로부터 장비를 수리, 재생하는 창급의 대규모 공장에 이르기까지 수행하는 임무와 기술수준에 따라 그 규모가 다르다. 수리부속이란 각종 장비의 기준수명 기간 동안 성능유지에 필수 불가결한 요소로써 장비를 정비하는데 필요한 부분품, 결합체, 구성품을 말한다. 부분품(Part)은 한 개의 품목이 그 이상 분해될 수 없거나 더 이상 분해하는 것이 불필요한 품목으로 예를 들면, 핀, 볼트, 스프링 등이다. 결합체(Assembly)는 두 개 또는 그 이상의 부분품이 서로 연결되었거나 서로 관련되어 뭉쳐진 품목이며 예를 들면, 시동기 모터, 연료펌프, 노리쇠뭉치 등이며 이 품목들은 부분품으로 분해될 수 있다. 구성품(Component)은 여러 개의 결합체가 연결되어 한 개의 물체를 구성한 것을 말하며 예를 들면, 차량 엔진, 변속기 등이며 이는 한 개의 부분으로 독자적인 성능을 발휘 할 수 있으나 외부에서 조종 또는 전원이나 연료를 공급해 주어야 하는 품목이다.

1 수리부속 지원개념

육군의 수리부속 보급지원체계는 평시 무기체계 기능별로 군원조달, 해외조달, 국내조달 등으로 보급소요를 획득하여 인가된 보급수준에 의거 저장관리하고 지역 지원개념에 의거 지원한다. 전시에는 한·미간 긴밀한 협조 체제하에 전투소요를 지원하기 위하여 한·미 연합군수 협조기구를 편성하고 운영한다. 국내 보급원으로부터 획득할 수 없는 품목은 한·미 연합군수 협조기구의 통제와 조정하에 미보급원으로부터 획득하고 지역지원 개념에 의한 청구보급제도와 할당보급제도에 의거 지원한다.

2 수리부속 지원체계

야전군 근무지역 및 군단지역에서의 보급지원 임무는 군수지원사령부 기능처의 재고 통제에 의거하여 화력, 기동, 일반장비 기능은 일반지원 정비대대 예하의 7·9종 보급중대가 저장 및 불출 임무를 수행하며, 특수무기 및 통신기능은 특수무기지원대와 통신보급정비중대가 정비지원과 병행하여 수리부속 보급 임무를 수행한다. 수리부속의 보급지원체계는 〈그림 3〉과 같다.

7·9종 보급중대는 유동적 상황 하에서 정비중대들을 지원하기 위해 이동이 가능하다. 7·9종 보급중대와 특수무기 및 통신정비중대는 야전군 지역 및 군단 근무지역에서 주 창고 역할을 하는데, 보급창에서 획득된 장비 및 수리부속품을 저장하고 사단 정비대대 및 직접지원정비중대, 일반지원대대 예하 정비중대를 통하여 보급지원 한다. 후방지역의 장비 및 수리부속 지원은 군지단 정비근무대에서 보급지원 하며, 보급창에서 획득된 장비 및 수리부속품을 군지단 정비근무대에서 저장하고 후방 사단 정비근무대 및 각 사용부대에 보급지원 한다.

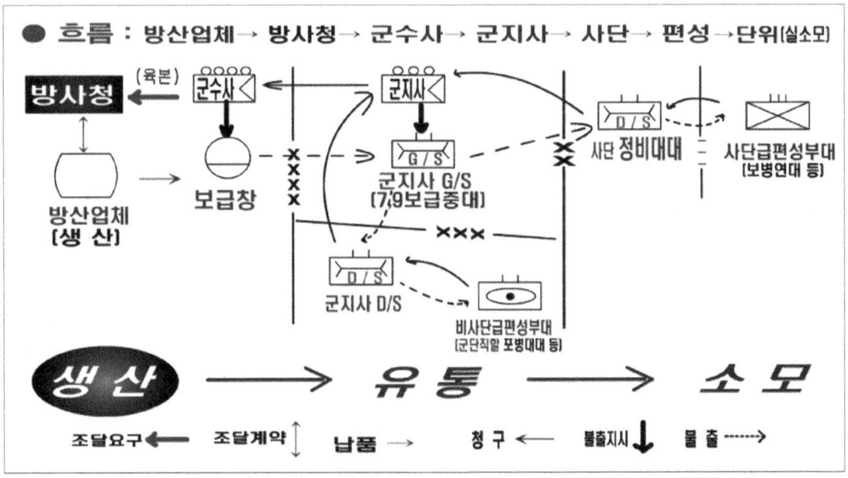

▲ 그림 3. 수리부속 지원체계

3 국가 재고번호(NSN)

재고번호는 보급품 식별을 위하여 각 보급품마다 부여되는 13자리 숫자로서 국가 재고번호(National Stock Number) 구성은 다음과 같다.

- FSC(Federal Supply Classification) 연방보급분류
- NCB(National Codification Bureau) 국가 부호
- IIN(Item Identification Number) 품목식별 부호
- NIIN(National Identification Number) 국가 품목식별부호

재고번호 부여기준은 수입품은 FMS 및 제3국 품목 경우 재고번호가 있는 품목은 본래의 원생산국 재고번호를 그대로 사용하고 재고번호가 없는 품목은 미국(DLSC) 및 생산국에 조회하여 재고번호를 획득하되 조회결과 자료획득이 불가할 경우에는 임시로 부품번호(Part Number)로 사용한다.

가. 연방보급분류

보급품 분류의 한 기준으로서 4자리 숫자로 구성되는데 그 중 앞의 두 자리는 군(Group)을, 뒤의 두 자리는 급(Class)을 나타낸다.

▼ 표 6. 연방 보급분류의 예

그룹10 : 무기
1005 : 30미리 까지 총포
1010 : 30미리 초과~75미리 미만 포
1015 : 75미리 이상~125미리 이상 포
1020 : 125미리~150미리 까지 포
1025 : 150미리~200미리 까지 포
1030 : 200미리~300미리 까지 포
1035 : 300미리 초과 포
1040 : 화학무기 및 장비
1045 : 어뢰 및 폭뢰 발사대
1055 : 로켓 및 신호탄 발사대
1070 : 병기용 네트(그물) 및 방재
1080 : 위장 및 기만용 장구
1090 : 2개이상 군급분류 무기체계간 상호 교환할 수 있는 조립체
1095 : 기타무기

그룹23 : 차량 및 모타싸이클 트레이너
2305 : 지상차량정비
2310 : 인원수송차량
2320 : 트럭
2340 : 모터싸이클, 스크리, 자전거
2350 : 전투 및 전술 차량

그룹24 : 트렉트
2410 : 트렉트(느린속도의 완전궤도)
2420 : 트렉트(바퀴)
2430 : 트렉트(Track laying 빠른 속도)

그룹25 : 차량 장비 구성품
주 : 그룹23과 트렉트, 건설차량 등의 차량 구성품
2510 : 차량의 바디, 골격 구성품
2520 : 차량 동력전달장치
2530 : 차량 브레이크, 조정기어, 엑슬, 바퀴 트럭 구성품
2540 : 차량의 바디, 골격 구성품
2590 : 기타 차량 구성품

그룹26 : 타이어 및 튜브
2610 : 타이어/튜브(압축공기 항공기용 제외)
2620 : 타이어 및 튜브(항공기용)
2630 : 타이어, 고체 및 큐숀
2640 : 타이어 재생산 및 정비물질

그룹28 : 타이어 및 튜브
2805 : 가솔린엔진(항공기용 제외)
2810 : 가솔린엔진(항공기용)(왕복)
2815 : 디젤 엔진
2820 : 스팀 엔진
2825 : 스팀터빈 및 구성품
2830 : 물터빈 및 구성품
2835 : 개스터빈 및 제트 엔진(항공기용 제외)
2840 : 개스터빈 및 제트 엔진(항공기용)
2845 : 로켓엔진 및 구성품
2850 : 가솔린 로터리 엔진 및 구성품
2895 : 기타 엔진 및 구성품

그룹29 : 엔진 악세사리
2910 : 엔진 연료 시스템 구성품(항공기 제외)
2915 : 엔진 연료 시스템 구성품(항공기)
2920 : 엔진 전기시스템구성품(항공 제외)
2925 : 엔진 전기시스템 구성품(항공기)
2930 : 엔진 냉각시스템 구성품(항공제외)
2935 : 엔진 냉각 시스템 구성품(항공기)

▼ 표 7. 군(Group) 분류의 예

구 분	내 용	구 분	내 용
10	무기류	13	탄약 및 폭발물
14	유도탄	23	지상운용 차량
24	트렉터	25	수송장비 구성품
26	타이어 및 튜브	28	엔진, 터빈 구성품
29	엔진 부속품	51	수공구
59	전기/전자장비구성품	94	연료류

▼ 표 8. 급(Class) 분류의 예

연방보급분류기호		내 용	
군	급		
1 0	0 5	무기류	소총 30mm까지
	1 0		소총 30.5mm - 75mm
	1 5		화포 75mm - 125mm
	2 0		화포 125mm - 150mm
	2 5		화포 150mm - 200mm
	3 0		화포 200mm - 300mm

나. 국가 부호

물품의 원 생산 국가를 나타내는 국가 부호의 예는 다음과 같다.

▼ 표 9. 국가 부호의 예

부 호	국 가	부 호	국 가
00	미국('75.3.31이전)	27	터키
01	미국('75.4.1이후)	28	룩셈부르크
11	NATO	29	알젠티나
12	독일	30	일본
13	벨지움	31	이스라엘
14	프랑스	32	싱가폴
15	이태리	33	스페인
21	캐나다	35	타일랜드
22	덴마크	36	이집트

23	그리스	37	한국
24	아이슬랜드	66	호주
25	노르웨이	98	뉴질랜드
26	포르투갈	99	영국

Section 04. 기술교범(TM)

기술교범(Technical Manual)은 부대가 그 임무 및 기능 수행을 위해 필요한 특수기술을 포함하여 장비의 사용을 위한 최초 준비사항, 운영 및 점검지시와 수리부속 및 특수공구 인가, 수송, 저장, 적의 사용방지 등에 관한 기술적인 절차가 포함된 서적이다. 기술교범 목차는 제1절 소개, 제2절 수리부속 목록, 제3절 특수공구목록, 제4절 국가재고번호 및 부분품번호 색인 등으로 구성되어, 〈그림 4〉는 교범 표지의 예이다.

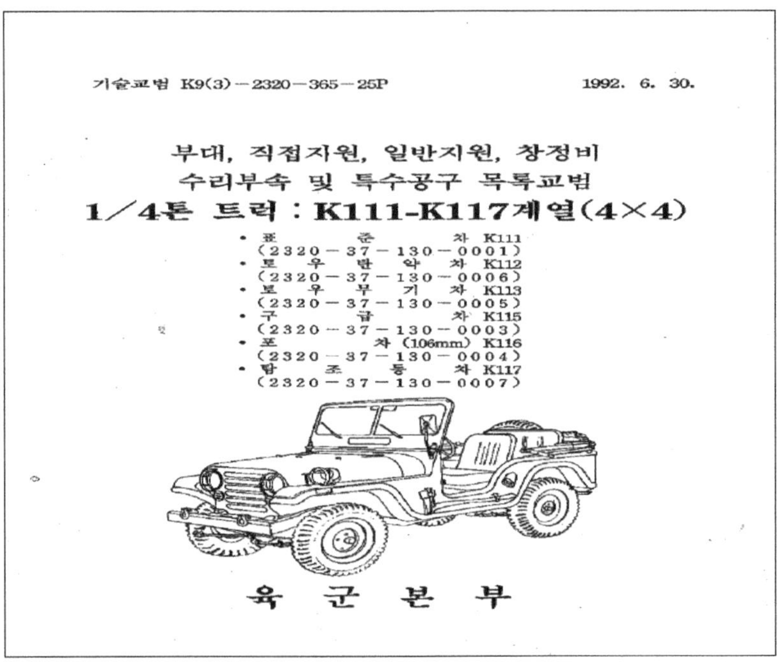
기술교범 K9(3)−2320−365−25P 1992. 6. 30.

부대, 직접지원, 일반지원, 창정비
수리부속 및 특수공구 목록교범
1/4톤 트럭 : K111-K117계열(4×4)

- 표 준 차 K111 (2320−37−130−0001)
- 토 우 탄 약 차 K112 (2320−37−130−0006)
- 토 우 무 기 차 K113 (2320−37−130−0005)
- 구 급 차 K115 (2320−37−130−0003)
- 포 차 (106mm) K116 (2320−37−130−0004)
- 탐 조 등 차 K117 (2320−37−130−0007)

육 군 본 부

▲ 그림 4. 기술교범 표지의 예

1 기술교범의 관리 및 활용

지급받은 장비에 대해서는 반드시 기술교범을 구비해야 하며, 장비 보급시 최초 소요 판단의 기본이 되므로 수리부속 대장과 함께 관리 및 유지해야 한다. 따라서 물품운용관은 해당되는 기술교범을 청구 및 획득하여야 하며, 기술교범은 해당 기술병과 등에서 수시로 제공되는 기술회보, 팜프렛, 지침 등에 따라 재고번호, 정비방법 등 변경사항이 있을 경우 즉각 수정하여 활용한다.

2 기술교범의 형태

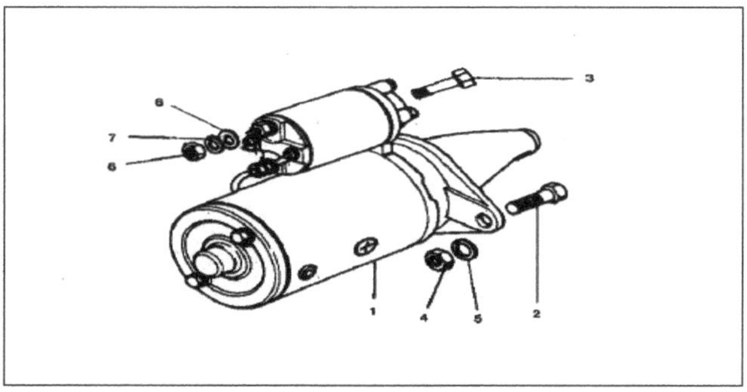

도해 그림 번호	도해 품목 번호	근원 정비 복구성 부호	국가재고 번호	부품 번호	생산자 부호	설명	불출 단위	단위당 구성 수량
						0605 시동기 및 관련부품		
						STARTER AND RELATED PARTS		
31	1	PAOFF	2920-37-130-1313	60102300	0852F	시동기 결합체 (STARTER ASSY, 24V) (KGD118400)	EA	1
31	2	PAOZZ	5306-37-130-2096	997811290	0852F	볼트 (BOLT)	EA	1
31	3	PAOZZ	5306-37-130-2095	997811240	0852F	볼트 (BOLT)	EA	1
31	4	PAOZZ	5310-37-114-0291	999211200	0852F	너트 (NUT)	EA	1
31	5	PAOZZ	5310-37-111-0458	999711200	0852F	와셔 (WASHER, SPRING)	EA	2
31	6	PAOZZ	5310-37-111-0458	999010800	0852F	너트 (NUT)	EA	2
31	7	PAOZZ	5310-37-111-0540	999710800	0852F	와셔 (WASHER, SPRING)	EA	2
31	8	PAOZZ	5310-37-111-0539	999520800	0852F	와셔 (WASHER, SPRING)	EA	2

▲ 그림 5. 수리부속 목록의 예 : 시동기 및 수리부속 목록

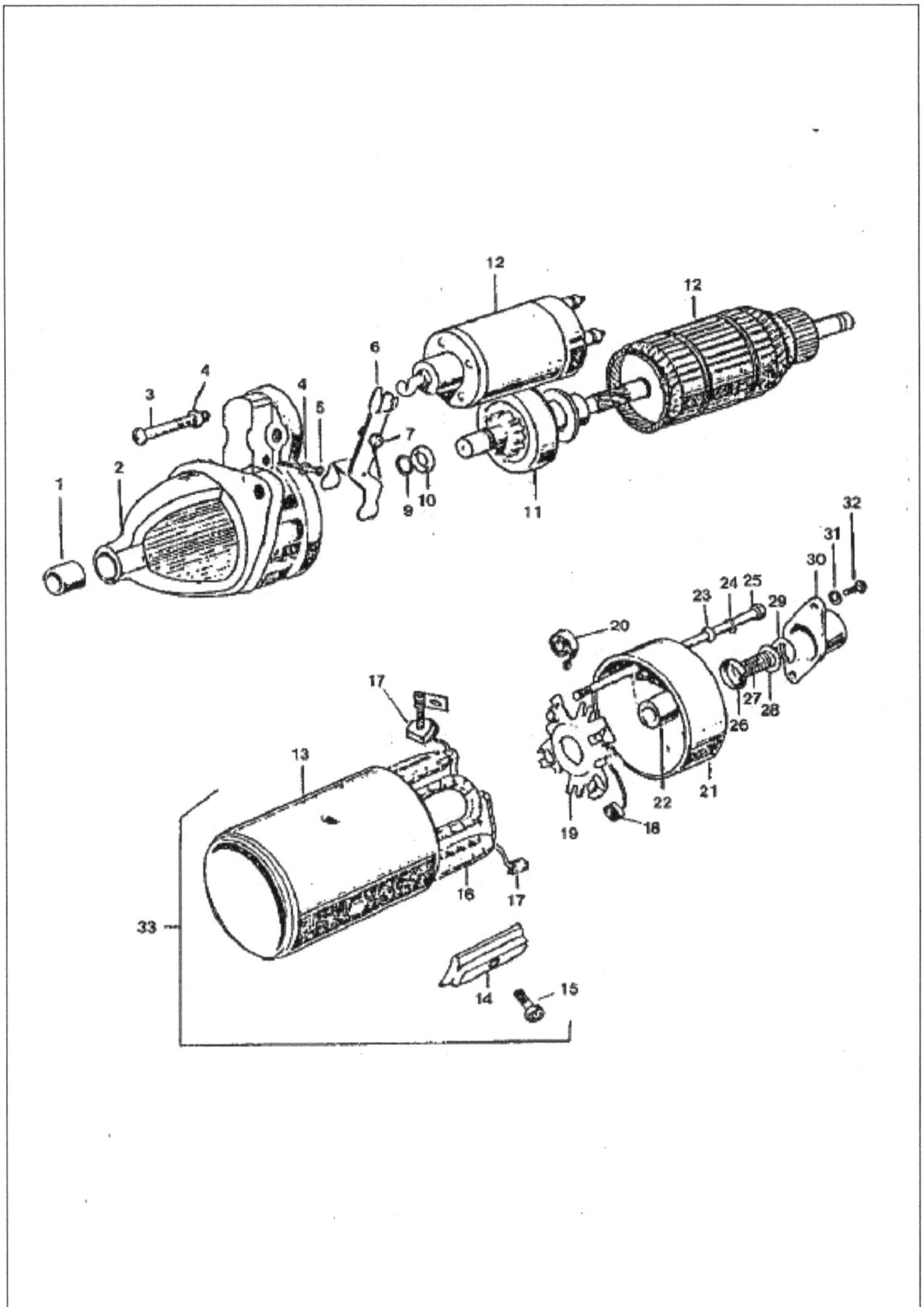

▲ 그림 6. 수리부속 목록의 예 : 시동기결합체 관련부품

(1) 도 해 (가) 그림 번호	(나) 품목 번호	(2) 근 원 정 비 복구성 부 호	(3) 국가 재고 번 호	(4) 부 품 번 호	(5) 생산자 부 호	(6) 설 명 사용성부호	(7) 불출 단위	(8) 단위 당 구성 수량
						0605 시동기 결합체		
						CSTARTER MOTOR ASSEMBLY		
32	NI	PAOFF	2920-37-130-1313	60102300	0852F	시동기 결합체 (STARTER ASS'Y, 24V(INCL, ITEM NO.1 THRU 30) (KGO1 18 400)	EA	1
32	1	PAFZZ	2920-37-130-1317	KG0118422	0852F	베어링 (BEARING, MERAL, OILLESS) (83215-0030)	EA	1
32	2	XAFZZ		KG0123625	08S52F	브래킷트 (BRACKET, FRONT STARTER HOUSEING (73401-0010)	EA	1
32	3	PAOZZ	5305-37-130-0527	KG0123664	0852F	나사 (SCREW) (0950-06231)	EA	2
32	4	PAOZZ	5310-37-130-1318	KG0123519	0852F	스프링 와셔 (WASHER, SPRING)	EA	2
32	5	PAOZZ	5306-37-130-2286	KG0123645	0852F	볼트 (BOLT, LEVER)	EA	1
32	6	PAFZZ	2590-37-130-2235	KG0123635	0852F	레버 (LEVER, STARTER) (73711-0050)	EA	1
32	7	PAFZZ	5340-97-130-0520	KG0123636	0852F	스프링 (SPRING, LEVER) (73714-0020)	EA	1
32	8	PAOFF	5930-37-130-0525	KG0123650	0852F	스위치 (SWITCH, MAGNET) (04102-0010)	EA	1
32	9	PAFZZ	5340-37-130-1315	KG0118416	0852F	링 (RING) (83131-0050)	EA	1
32	10	PAFZZ	5340-37-130-1316	KG0118417	0852F	링 (RING, RINION, STOPPER) (73011-0010)	EA	1
32	11	PAFZZ	2920-37-130-0536	KG0123831	0852F	클러치 (CLUTCH OVER RUNNING) (13300-0040)	EA	1
32	12	PAFZZ	2920-37-130-0533	KG0123805	0852F	아마튜어 (ARMATURE) (1320-0050)	EA	1
32	13	XAFZZ		KG0123801	0852F	요크 (YOKE) (73101-050)	EA	1
32	14	XBFZZ		KG0123812	0852F	피이스 (PIECE, POLE) (73105-0040)	EA	4
32	15	PAFZZ	5305-37-130-0534	KG0123806	0852F	나사 (SCREW, SMALL) (9066-10131)	EA	4
32	16	PAFZZ	2920-37-130-0532	KG0123804	0852F	코일 (COIL-FIELD)		
32	NI	PAFZZ	2920-37-130-0524	KG0123643	0852F	부러쉬 셋트 (BRUSH SET, STARTER) CONSISTS OF :		
32	17	KFFZZ		236300050	0852F	2-부러쉬(양극) (BRUSH POSITIVE(+)		

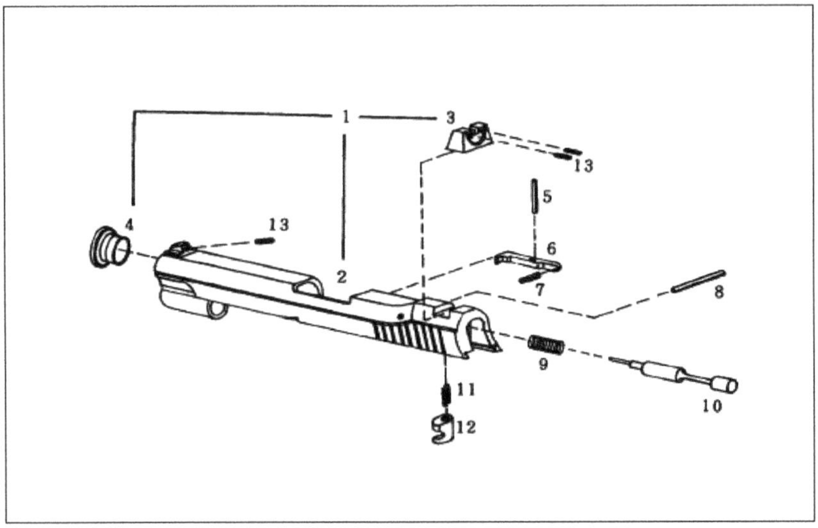

근 원 정 비 복구성 부 호	국가재고번호	부품번호	설 명 생산자부호 사용성부호	불출 단위	단위당 구성 수량	도 해	
						그림 번호	품목 번호
PAOZZ	1005-37-500-9694	20023847	공 이 (2093F)	개	1	3	10
PAOZZ	5360-37-500-9715	20023850	공이멈치 요수철	개	1	3	11
XAFZZ	1005-37-500-9680	20023855	가스활대, 자동권총용	개	1	3	2
			(가스활대 결합체) (2093F)				
			(총열부싱 및 가늠자 부착)				
XAFZZ	1005-37-500-9673	20023857	가 늠 자 (2093F)	개	1	3	3
XAFZZ	1005-37-500-9678	20023861	부싱, 총열용 (2093F)	개	1	3	4
			핀, 스프링식				
			(칼퀴 고정못) (2093F)				
PAOZZ	5315-37-500-9151	20023851	스프링핀 호칭경 : 2mm	개	1	3	5
			길 이 : 5mm				
PAOZZ	1005-37-500-9693	20023852	칼 퀴 (2093F)	개	1	3	6

▲ 그림 7. 화력장비 수리부속 목록 구성의 예 : 가스활대 결합체

3 기술교범의 번호 구성

기술교범의 번호 구성은 아래와 같다.

기술교범 - 9(3) - 2320 - 217 - 30 P
(가) (나)(다) (라) (마) (바) (사)

"가"는 기술교범임을 의미하고 "나"는 발간물 기본병과를 의미하며 "다"는 기능별 구별 부호를 의미한다.

1 : 항공	3 : 화학	5 : 공병	6 : 야전포병	7 : 보병
8 : 의무	9 : 병기	10 : 병참	11 : 통신	55 : 수송

1 : 화력	2 : 특수무기	3 : 기동	4 : 항공	5 : 통신전자
6 : 일반장비	7 : 물자1	8 : 의무	9 : 물자2	

"라"는 해당 장비에 대한 연방보급 분류기호(FSC)를 의미한다. "마"는 교범 분류별 발간순서를 의미하는데, 야전교범(FM)일 경우 번호영역은 1-199까지이며, 기술교범(TM)일 경우 번호영역은 200번부터 시작하여 계속된다. 위의 "마"는 18번째 발간된 기술교범을 의미한다. "바"는 적용 정비계단을 의미하는데, 10은 1계단 정비를 의미하고, 12는 1~2계단 정비, 30은 3계단정비, 35는 3~5계단 정비를 의미한다. "사"는 부분품 제원의 목록을 의미하는데 기술교범의 서적번호 구성에서 정비계단 뒤에 "P"가 있는 경우 그 교범 속에 해당 장비를 구성하는 부분품(Part)에 대한 보급제원의 목록이 수록되어있음을 의미한다. 즉 "P"표시가 없는 교범은 부분품 목록이 없다.

4 수리부속 목록

수리부속 목록은 도해와 근원정비복구성(SMR) 부호, 재고번호, 부품번호, 생산자 부호, 설명, 불출단위, 단위당 구성수로 구성된다. "도해" 란은 그림번호와 품목번호로 구분되는데 그림번호는 품목이 나타나 있는 도해의 그림번호를 말하고 품목번호는 도해에 나타나 있는 각 품목을 지칭하는 번호이다. "국가재고번호"는 품목에 할당된 국가재고번호 나타내며 청구시 사용한다. "부품번호"는 기계설계도, 사양서, 규격서 및 한 품목이나 일련의 품목들을 식별하는 검사요구서에 의해서 폼목의 설계 및 특징을 조정하는 제작자(개인, 회사, 정부기관)에 의해 사용되는 기본번호를 의미한다. "생산자 부호"는 제작자, 공급자 또는 정부기관을 식별하기 위해 사용되는 다섯 단위로 된 번호 부호로서 부여되어 있다. "설명"은 그 품목을 식별하는데 필요한 국가품명 명칭 및 최소한의 설명(형태, 연관 품목 및 위치)을 수록한다. 키트나 세트에 포함된 품목은 지시된 키트나 세트 내에 있는 각 품목 수량과 함께 품목 명칭 아래에 수록된다. "불출단위"는 실제 정비기능을 수행하는데 사용되는 품목의 기본량에 대한 표준치를 제시하며, "단위구성수량"은 기능그룹, 소 기능그룹 또는 결합체를 위해 도해 그림 상에 나타난 고장에 사용되는 품목의 양을 나타낸다.

5 근원정비복구성(SMR) 부호

가. 정 의

근원정비복구성(SMR : Source Maintenance Recoverability)부호는 모든 개발품목에 대해 획득방법, 정비계단 선정, 복구 또는 폐기처리의 한계를 5자리의 영문자로 표기한 부호이다.

나. 중요성

기술교범에 반영된 SMR 부호는 품목별 규정된 정비 및 보급업무의 기준이 되며, 장비 운용성 보장과 수명주기 비용절감을 위한 군수지원분석 업무의 핵심요소이다. 또한 장비의 야전배치 운용 간 정비계단, 수리부속 보급소요, 시험장비, 공구 및 창정비 대상품목 결정에 직접적인 영향을 미치게 된다. SMR 부호의 타당성 검토는 개발 장비의 경제성과 운용성 측면에서 큰 파급효과와 영향을 줄 수 있는 중요 검토 사항으로서 설정기준은 모든 체계에 동일하게 적용되는 것은 아니고, 개발 간에 소요군 의견 등을 반영하여 최적 안으로 결정해야 한다.

다. SMR 부호의 구성

1) 부호 구성

<table>
<tr><th rowspan="2">근원부호(S)
[①②]</th><th colspan="2">정비부호(M)</th><th rowspan="2">복구성 부호(R)[⑤]</th></tr>
<tr><th>사용 부호[③]</th><th>수리 부호[④]</th></tr>
<tr><td>품목을 어떻게
획득하는가?</td><td>누가 품목을 교환,
사용할 수 있는가?</td><td>누가 완전수리를
할 수 있는가?</td><td>누가 복구/폐기
처분을 하는가?</td></tr>
</table>

S　　　　　M　　　　　R

<u>PA</u>　　　　　<u>OH</u>　　　　　<u>D</u>

※ 정비부호 /복구성 부호 약어

O(부대정비),F(직접지원부대 정비),H(일반지원부대 정비),D(창정비)

[예] 'PAOHD'의미

①②번째 자리(PA) - 『중앙조달 획득저장되는 품목이며』

③번째 자리 (O) - 『장비 운용부대에서 교환되고』

④번째 자리 (H) - 『일반지원 정비부대에서 완전수리되며』

⑤번째 자리 (D) - 『정비창에서 복구 또는 폐기된다』

2) 주요 부호 부여기준

가) 근원(Source)부호 : 첫째-둘째자리

구 분		설 명	적용품목
P 계열	PA	• 알려지거나 예상되는 사용을 위해 획득 및 저장되는 품목	조립체, 단품
	PB	• 보급부대에서 보장성 목적으로 획득 및 저장되는 품목, 보급계통에서 반드시 최소량이 확보되는 것이 요구되는 품목	
	PC	• 획득 및 저장되는 품목이나 자연적으로 성능이 악화되는 품목	건전지 등
	PD	• 최초 불출이나 공급을 위해 조달되는 품목, 자동적인 재보충 품목이 아님	장비(장치)류
	PE	• 규정된 정비활동을 위해 조달 및 저장되는 지원장비 등	특수/일반공구류, 지원장비
	PF	• 저장되지 않고 청구에 따라 획득하는 지원장비	비저장 지원장비
	PH	• 획득 및 저장 품목 중 위험물질이 포함되어 유해 물질정보, 물질안전보건자료 등이 필요한 품목	방사능 함유물질 등

K 계열	KD	• 창 정비시 사용되는 킷트 품목	실린더 내부 Seal 등 동시에 교환되는 품목
	KF	• 창정비 하위 계단에서 사용되는 킷트 품목	
	KB	• 창정비와 하위 계단에서 모두 사용하는 킷트 품목	
M 계열	MO	• 부대정비 계단에서 제작되는 품목	튜브, 명판, 데칼, 와이어 등
	MF	• 직접지원 정비계단에서 제작되는 품목	
	MH	• 일반지원 정비계단에서 제작되는 품목	
	MD	• 창 정비계단에서 제작되는 품목	
A 계열	AO	• 부대 정비계단에서 조립되는 품목	하위 품목으로 조달하여 해당 정비계단에서 조립하여 사용하는 품목
	AF	• 직접지원 정비계단에서 조립되는 품목	
	AH	• 일반지원 정비계단에서 조립되는 품목	
	AD	• 창 정비계단에서 조립되는 품목	
X 계열	XA	• 조달, 저장되지 않는 품목, 이러한 품목의 소요는 한 단계 높은 조립체를 교환함으로써 충족된다.	하우징,몸체
	XB	• 조달, 저장되지 않는 품목으로, 이러한 품목이 필요시에는 폐품에서 징발하여 사용한다.	브래킷,덮개 등 단순 구조품 류
	XC	• 설치도면, 도표, 설명서, 야전도면, 제조자의 부품번호에 의해 식별되는 품목	수리부속품이 아닌 도면,설명서
	XD	• 저장되지 않고 손실률이 적은 지원품목으로 필요시 생산자 부호 및 참조번호를 이용하여 부대 조달하는 품목. 단, 재고번호가 부여된 경우 청구보급 가능	구조물 중 정비할 가능성이 희박한 구성품

나) 정비 부호 : 셋째-넷째 자리

(1) 사용(Use)부호 : 셋째 자리

품목을 사용하기 위해 인가된 가장 낮은 수준의 정비를 표시한다.

구 분	설 명
O	• 부대 정비계단에서 지원품목이 사용(제거, 장착 등)되는 경우에 부여
F	• 직접지원 정비계단에서 지원품목이 제거, 교환되는 경우에 부여
H	• 일반지원 정비계단에서 지원품목이 제거, 교환되는 경우에 부여
D	• 창정비, 이동 창정비 또는 특수 수리작업에서만 지원품목이 제거, 교환되는 경우에 부여
K	• 수리가능한 품목으로 제거, 설치, 사용 등이 계약자 시설에서만 가능한 경우에 부여

(2) 수리(Repair) 부호 : 넷째 자리

해당품목이 수리되어야 하는지를 나타내며, 필요한 수리를 수행할 수 있는 능력을 가진 최저 단계의 정비를 나타낸다.

구 분	설 명
O	• 지원품목을 완전히 수리가능한 최저 정비수준이 부대정비 계단인 경우에 부여
F	• 지원품목을 완전히 수리가능한 최저 정비수준이 직접지원 정비계단인 경우에 부여
H	• 지원품목을 완전히 수리가능한 최저 정비수준이 일반지원 정비계단인 경우에 부여
D	• 지원품목을 완전히 수리가능한 최저 정비수준이 창정비계단인 경우에 부여
L	• 특별히 지정된 전문 수리부대에서 수리가능한 품목의 경우에 부여
Z	• 수리가 불가하며 수리가 인가되지 않은 경우에 부여
B	• 수리가 인가되지 않으며,이 품목은 사용자 수준에서 조정,윤활,교정함으로써 원상태로 복구될 수 있는 경우에 부여

다) 복구성(Recoverability) 부호 : 다섯째 자리

사용 불가능한 품목들에 대해 처리 및 행동조치를 나타내기 위해 사용한다.

구 분	설 명
Z	• 수리가 불가능한 품목 • 사용 불가능할 시에는 셋째 위치에 지시된 정비계단에서 폐기 처분
O	• 수리가 가능한 품목 • 사용 불가능할 시에는 부대 정비계단에서 폐기처분
F	• 수리가 가능한 품목 • 사용 불가능할 시에는 직접지원 정비계단에서 폐기처분
H	• 수리가 가능한 품목 • 사용 불가능할 시에는 일반지원 정비계단에서 폐기처분
D	• 수리가 가능한 품목 • 하급 정비계단에서 수리능력이 미치지 못할 때는 창으로 후송(창정비 계단 이하에서는 폐기처리가 인가되지 않음)
A	• 수리가 불가한 품목으로 특수 취급을 요하는 품목 : 위험하거나 해로운 물질, 귀금속 함량, 고가품목 등 • 해당 교범이나 지침을 참조하여 처리

라. 영 향

SMR 부호는 각 품목에 대하여 최대의 성능상태를 유지하고 최소의 비용으로 군수지원을 위한 것이다. 근원부호(S)에 의해 조달저장 품목을 선정하고 운용소요를 결정하며, 정비부호(M)에 따라 정비업무체계를 선정하고 지원장비 및 공구 등을 결정한다. 복구성부호(R)는 복구 또는 폐기 한계를 설정하고 창 정비 개발소요를 결정하는데 영향을 주게 된다.

SMR 부호는 부호 자체뿐만 아니라 상·하위 조립체 간의 조립개념과 단가, 수리비용 및 폐기비용, 군수지원분석(LSA) 결과와의 일치성, 기타 관련부호 간의 일치성 등을 종합적으로 검토해야 한다. 이러한 SMR 부호는 적절한 정비업무 절차 및 체계를 정립시킴으로써 전투준비태세를 향상시키고, 수명주기비용을 최소화에 기여한다.

마. 관련규격 및 기준

1) AR 700-82, Joint Regulation Governing The Use And Application Of Uniform Source, Maintenance And Recoverability Codes
2) T.O.00-25-195, AF Technical Order System Source, Maintenance And Recoverability Coding Of Air Force Weapons, System, And Equipment

바. 착안사항

체계개발 중인 장비의 군수제원을 확정하기 위한 군수제원점검회의 전에 개발기관에서 제시한 SMR 부호 설정 내용을 검토하여 오류사항을 식별하여 시정한다.

1) SMR 부호설정 일반원칙 : 연구개발 기관에서 제시한 SMR 부호의 검토는 다양한 품목 특성과 조립특성으로 인해 SMR 부호의 부여를 위해 설정기준을 정하기는 매우 곤란하다. 따라서 SMR 부호를 검토할 때는 무기체계의 수명주기비용 절감과 정비 및 보급체계 정립에 중점을 두고 검토하여야 하며, SMR 부호 변경으로 인해 정비장비 또는 시설의 추가 소요 발생 여부 등 비용대 효과를 고려하여 결정하여야 한다. 이를 위해 다음과 같이 SMR 부호를 부여하는 일반적인 원칙을 제시하였다.

가) 정비부호의 사용 단계(셋째 자리)는 항상 수리 단계(넷째 자리)와 같거나 하위이어야 한다.

예 타당 : PAOFF, PAFFF, PAODD, PAFDD, PADDD,... /오적용 : PAFOF, PADFF, PADOF,...

나) 복구성부호(다섯째 자리)는 수리단계(넷째 자리)보다 하위일 수 없다.

예 타당 : PAOFF, PAFFD, PAODD,.../오적용 : PAFFO, PADDF, PADDO,...

다) 각 자리에 부여 가능한 부호 이외의 부호는 사용 불가하다.

라) 품목의 단가가 상위조립체 단가의 대부분을 차지하는 경우(90% 이상), 상·하위품목의 근원부호가 모두 'P-'가 될 수 없다.

마) 상·하위 Level간의 관계

(1) 하위 구성품의 사용단계(셋째 자리)는 상위 조립체의 사용단계 이상으로 부여함을 원칙으로 한다.(특성 고려 예외적 부여 가능)

(2) 하위 구성품의 사용단계(셋째 자리)는 상위 조립체의 수리단계(넷째 자리)보다 높을 수 없다.

예 LEVEL4 PAFFF→ LEVEL5 PAFZZ(타당) PADZZ(오적용)

(3) 수리부호(넷째 자리)가 Z인 품목은 하위 구성품을 가질 수 없다.

라) 근원부호가 'A-'인 품목의 차하위 품목은 'P-'또는 'M-'이어야 한다.

(4) 근원부호가 'A-'인 품목의 2번째 자리 부호와 차하위 구성품의 교환단계(3자리)는 서로 일치해야 한다.

(5) 근원부호가 'P-'인 품목의 하부품목 근원부호는 모두 'P-'또는 'M-'이어서는 안 된다.

바) 주장비의 보급저장을 위한 정비복구성부호 설정을 지양하고 'XC'부여를 검토한다.

사) 고단가 품목은 가급적 분해(Break-down)를 실시하고 하위품목에 대해 수리부호를 부여한다.

2) X계열 근원부호 설정

가) 근원부호를 'XA'로 설정하는 대상품목은 고장발생 및 정비소요 발생이 희박

한 구조물류와 수리가 불가한 전기전자, 배선류 위주로 부여한다.

(1) 구조물류 : 블록, 하우징, 지지대, 덮개, 브래킷 등 금속 구조물

(2) 전기전자 배선류 : 수량이 다수이고 교환 · 수리가 불가한 배선류

(3) 교환소요가 희박한 고가의 하위부품이 'XA'로 설정되어 상부 품목 전체를 교환하는 예산 낭비요인을 방지

나) 근원부호가 'XA'로 설정된 품목의 차상위 품목은 이중으로 'XA'부호 설정을 지양한다.

※ 단순품목 고장시 고가의 상위품목 전체를 교환해야 하는 부호 설정 방지

다) 근원부호가 'XA'로 설정된 구조물류 품목의 상위품목 근원부호는 'PA'(보급저장)가 아닌 'PB'또는 'XD'위주로 부여한다.

(1) 'XA'설정품목의 차상위 품목이 LRU가 아닌 구조물류(지지대, 블록, 브래킷 등)일 경우, 차상위 품목 근원부호를 'PA'로 부여시 불필요한 조달저장 소요가 발생되므로 상위품목 근원부호를 'XD' 또는 'PB'로 검토

※ LRU(Line Replaceable Unit) : 현장교환품목

(2) 'XA'설정품목의 차상위 품목이 주요 기능품인 LRU(엔진, 변속기 등)일 경우, 차상위 품목의 근원부호는 'PA'부여 가능

※ 경제성 · 운용성 측면에서 불필요한 장기 조달소요 발생을 방지

라) 'XA'설정 품목의 사용부호(세 번째 자리)는 해당 품목의 사용(검사, 접근)인가 제대를 명시를 위해 부여하며, 필요시 정비업무부호를 할당한다.

마) 'XA'설정 품목은 수리/복구절차가 불필요하므로 수리/복구성 부호는 'ZZ'를 부여함을 원칙으로 하고, 특성을 고려 재활용토록 부여한다.

(1) 해당 품목 수리보다 상위 조립체 교환이 효과적인 경우 'XA'를 부여

(2) 'XA'부호 설정 개념과 일치한 부여로 기술교범(정비/보급)작성과 정비계단 선정, 수리/복구성 부호 정비개념의 논리적 일관성을 유지

바) 상위조립체가 'PA'이며 하위 부품조립체가 교환소요가 발생될 것으로 예상되는 필수품목이나 근원부호가 "XD"인 경우, 획득 시 장기간 소요되므로 운용성 · 경제성 측면을 고려하여 P계열의 근원부호를 검토한다.

3) P계열 근원부호 설정

가) 하부조립체가 모두 P계열 근원부호인 경우에는 상위 조립체의 근원부호를 'A-(조립)'또는 'XD'근원부호를 부여한다.

※ 하위품목 고장시 해당품목을 획득하여 수리하는 것보다 상위조립체 전체를 청구 및교환하는 정비를 수행함으로써 사용 가능한 다른 품목도 같이 교환하는 문제점을 예방

나) 고장률이 적고 경량인 소형 구조물의 근원부호가 상ㆍ하위 조립체 모두 'XD' 또는 'XA'로 설정되는 경우는 적기 확보 및 정상적인 장비 가동률 유지가 제한되므로 운용성ㆍ경제성 측면에서 'PA'의 근원부호를 부여한다.

4) 복구성 부호 설정

고단가의 특수 재질 부품은 하위 정비계단에서 단순교환 및 폐기하는 것보다는 상위 정비계단에서 수리/복구 가능성을 우선 검토하여 반영한다.

※ 고가이면서 재활용 가능한 소재류(특수 소재, 신소재 등)등을 대상으로 수리/복구성 부호를 적용 검토

사. 사 례 : OO 장비의 장전기 조립체(PAOFF)

1) 개요 : 'XA'부여 품목과 동일 레벨 품목으로 'PA'품목이 포함되어 있을 경우, 해당 'XA'품목 고장시 'PA'품목의 포함 교환을 방지

2) 내용

가) 최초 : 덮개 또는 지지대조립체 고장시, 근원부호가 'XA'로 설정되어 상위조립체인 장전기 조립체(감속기 포함)전체를 교환하는 정비개념으로 설정 ⇒ 고장발생 품목 이외의 타 품목도 교환되어 낭비

나) 검토결과 : 장전기 조립체 / 하위품목의 SMR 부호 조정

(1) 몸체 조립체(덮개+지지대)를 LCN 계통도에 추가 구성

(2) 장전기 조립체는「몸체 조립체+감속기」의 조립품목으로 설정

(3) 덮개 또는 지지대 조립체 고장시 상위품목(몸체 조립체)만 교환

Chapter 3

정비지원 체계

Section 01. 제대별 정비지원 개념

1 부대 정비

장비를 운용하는 부대에서 지휘관 책임하에 편제표의 인원과 공구를 사용하여 실시하는 점검, 주유, 조정, 수리, 시험 및 부속교환 등을 말하며, 사용자 정비와 부대정비병 정비로 구분한다. 사용자 정비(1계단)는 장비를 운전 또는 사용하는 자에 의해서 수행되는 정비이며, 장비 사용 전, 사용 중, 사용 후에 실시함으로써 결함을 조기에 발견하여 손질 주유, 조정 등 일일정비 및 주간정비로 구분하여 장비기능을 회복시킨다. 부대정비병 정비(2계단)는 편제표 또는 배당표에 인가된 공구와 수리부속품을 사용하여 정비 교육을 받은 기술병이 수행하는 정비로서 운행거리 또는 운행시간을 고려하여 월간 및 분기, 반년정비로 구분한다.

2 야전 정비

부대정비수준을 초과하는 정비소요를 지원하기 위하여 야전정비부대가 실시하는 정비로서 일정한 기술수준이 요구되고 특수정비용 장비 및 공구, 수리부속품을 필요로 하며, 직접지원 정비와 일반지원 정비로 구분한다.

직접지원 정비(3계단)는 직접지원정비부대에 의해서 수행되는 정비로서, 전문 기술인력에 의한 수리 작업과 구난 및 기술지원 등을 제공한다. 일반적으로 직접지원 정비부대는 기동화 된 정비차량과 반고정시설을 갖는다. 일반지원 정비(4계단)는 고도의 정비능력을 갖춘 일반지원 정비부대에 의해서 수행되며, 직접지원 정비부대의 정비기술 수준을 초과하는 정비 업무를 수행하기 위하여 보다 많은 부속품, 정비장비 및 공구 등이 운용된다. 일반적으로 일반지원 정비부대는 대형 정비차량과 고정정비시설을 갖는다.

3 창 정비

창 정비는 야전정비부대 정비수준을 초과하는 정비소요를 지원하기 위하여 창 정비부대가 실시하는 것으로서, 분해수리나 재생을 위한 고도의 기술 인력과 장비 및 공구, 그리고 영구적인 정비시설 등을 확보하여 운영한다.

가. 부대정비 및 직접지원 정비의 영역과 역할

구 분	부대(편성) 정비	직접지원 정비
왜?(목적)	• 장비 준비태세 유지	• 사용부대의 장비준비태세 지원
누가? (수행자)	• 사용부대(장비운용자, 정비병)	• 직접지원 정비부대
어디서? (정비장소)	• 장비운용현장 • 부대정비 수집소	• 장비운용현장/정비 수집소 • 이동정비차량 • 야전정비 수집소 • 주둔지 정비시설
무엇을? (정비범위)	• 예방정비점검 및 근무 • 검사, 주유 및 손질, 세척 • 방청 • 조임 • 정열 • 사소한 조정 • 부분품 교체 • 부대정비수준의 결합체, 구성품 교체 • 사용 불가능한 품목반납 • 사소한 용접, 땜질	• 기능장애 장비, 구성품, 결합체의 진단 및 분리 • 구성품, 결합체의 조정 · 측정 · 정열 • 완제품, 결합체의 결함 수리 • 직접 교환에 의한 수리 • 엔진 배기가스 농도 측정 • 가벼운 몸체 수리 • 사용부대 기술 조언 • 사용불가능 품목 반납 • 직접지원 정비수준의 수정작업

어떻게? (정비수단/ 방법)	• 장비자체 진단장치, 단순 삽입식 측정기구, 외부진단 및 결함분리 기재사용	• 이동 정비반 운용 • 직접교환 및 정비대충장비 운용 • 동류전용
전장지원 활 동	• 전장응급정비 • 현장정비반 운용 • 자체 전장구난 • 부대정비 수집소 설치운용	• 전장응급정비 • 근접정비지원반 운용 • 구난/후송지원 • 야전정비 수집소 설치 운용

나. 일반지원 정비 및 창 정비의 영역과 역할

구 분	일반지원 정비	창 정 비
왜? (목적)	• 직접지원정비부대에 대한 지원 • 야전군 재고로의 반환	• 일반지원정비부대에 대한 지원 • 전군 창 재고로의 반환
누가? (수행자)	• 일반지원 정비부대	• 창정비 부대 • 민간 계약업체
어디서? (정비장소)	• 야전정비 수집소 • 이동정비차량 • 주둔지내 정비시설 ※ 장비운용현장	• 창정비 부대내 영구공장 (편의시설 구비) • 야전일반지원정비시설 ※ 장비운용현장 (특별한 경우)
무엇을? (정비범위)	• 내부 부분품상의 기능장애 장비, 구성품, 결합체의 진단 및 분리 • 구성품, 결합체의 조정, 측정, 정열 및 수리 • 완제품, 결합체의 내부 부분품상의 결함에 대한 수리 및 수정 • 무거운 몸체, 회전부위, 차량내부 수리 • 사용불가 품목의 수집 및 분류 • 폐기물자 처리 • 직접지원 정비부대, 사용부대 기술조언 • 일반지원 정비수준의 수정작업	• 완제품, 구성품, 결합체에 대한 분해 검사 및 재생 • 특수한 환경 및 시설이 요구되는 수리 • 중고 부분품의 파괴 검사 • 광범위한 분해 또는 정밀시험장비 사용 요구 품목 검사 및 수정 • 창 정비 계획 및 주기에 의한 장비복구 • 달리 획득할 수 없는 부품 제작
어떻게? (정비수단/ 방법)	• 이동정비반 운용 • 야전순환정비 및 정비대충장비 운용 • 동류전용 • 탄도기술검사	• 창정비수준의 대량 직접 교환 • 경제적 수리가능품의 복구 • 사용가능 자산의 개량 • 창 순환정비
전장지원 활 동	• 전장응급정비 • 근접정비지원반 운용	• 창 근접정비반 운용

Section 02. 육군의 정비지원 계통

군의 정비체계상 하급부대의 정비능력이 부족할 때는 상급부대가 이를 지원한다. 이때 상급부대는 예하 정비부대를 하급부대로 출동시켜 지원을 제공하거나 후송계통을 통하여 후송된 장비를 입고시켜 정비한다.

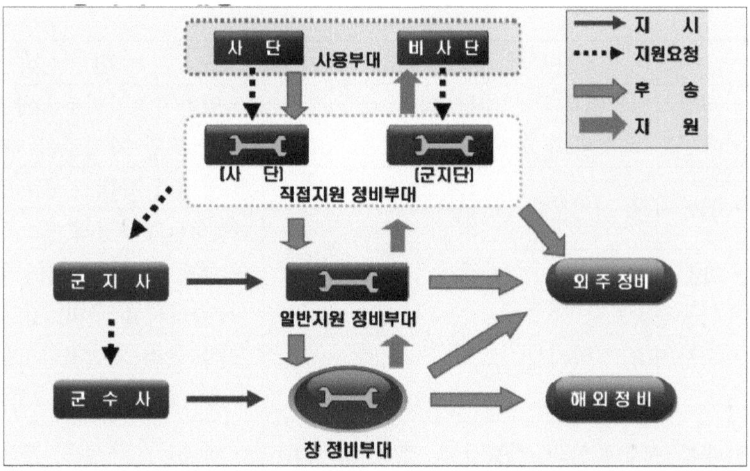

▲ 그림 8. 정비지원 계통

1 사용부대

사용부대는 자대가 보유하고 있는 장비에 대한 운용과 유지를 위해 부대정비기능과 이를 수행할 개인 및 지휘책임이 있으며, 사용부대는 자대 능력을 초과하는 정비소요가 발생할 경우 직접지원 정비책임을 맡고 있는 정비부대에 지원을 요청하여 해당 장비에 대한 정비를 받는다. 또한 사용부대가 부대정비기능을 수행하는데 필요한 자원은 사용부대의 편제표에 인가되거나 기본불출품목 목록(BII), 규정휴대량 목록(PLL) 등으로 할당되며, 필요한 물자는 청구하여 획득한다.

2 직접지원 정비부대

직접지원 정비부대는 지역지원개념에 따라 지원책임 지역 내에 있는 부대에 대해 직접지원 정비를 제공할 책임이 잇으며, 자체 정비능력을 초과하는 정비소요가 발생할 경우 군수지원사령부에 지원을 요청하여 일반지원 정비부대 또는 지정된 외주정비 업체에서 정비를 실시한다. 또한 직접지원 정비부대가 해당수준의 정비지원임무를 수행하는데 필요한 자원은 해당부대의 편제표로 인가하며, 필요한 물자는 청구하여 획득한다.

3 일반지원 정비부대

군단지역의 일반지원 정비부대는 사단 및 여단 정비부대를 포함한 지원책임 지역 내 직접지원 정비부대에 대해 일반지원 정비책임이 있으며, 일반지원 정비부대는 자체 정비능력을 초과하는 정비소요가 발생할 경우 군수지원사령부를 통해 군수사령부에 지원을 요청하여 정비창 또는 지정된 외주정비 업체에서 정비를 실시하고, 일반지원 정비부대가 해당수준의 정비지원 임무를 수행하는데 필요한 자원은 해당부대의 편제표로 인가하며, 필요한 물자는 청구하여 획득한다.

4 정비창

정비창은 부대별로 담당하는 장비에 대해 전군 정비지원 책임을 가진다. 또한 정비창이 해당수준의 정비지원 임무를 수행하는데 필요한 자원은 해당부대의 편제표에 인가되며, 필요한 물자는 청구하여 획득한다. 군 자체 정비부대나 시설에서 실시할 수 없는 장비의 정비는 외주정비나 해외정비를 실시한다.

Section 03. 정비책임

정비책임은 각급 부대의 지휘관 및 관련참모, 정비부대 관계요원의 책임한계를 설정한 것으로 지휘책임, 기술책임, 직접책임, 지원책임 등으로 구분할 수 있다.

1 지휘책임

지휘책임은 장비를 운용하는 각급 부대의 지휘관에게 부여된 책임을 말한다.

1) 지휘관은 부대가 보유한 모든 장비 및 물자를 경제적 · 효율적으로 정비하고 관리하여 항상 사용 가능상태로 유지하여야 한다.
2) 남용방지를 위해 지휘관은 지휘 하에 있는 모든 부대원이 정비에 관한 제반 정비규정과 지시를 정확히 이행하고 있는가를 확인하여야 하며, 장비 및 물자의 남용을 방지할 책임이 있다. 특히 장비 및 물자의 부적절한 사용과 부적절한 정비를 방지하고, 점검 및 정비의 태만에 의해 적기에 정비를 실시하지 않거나 정비 업무 수행을 지연하지 않도록 하며 장비 및 물자를 타 목적에 사용하지 않도록 해야 한다.
3) 지휘관은 부대의 보유 장비에 대해 예방정비를 실시할 책임이 있으며, 정비병에게 충분한 정비 시간을 부여하고, 필요한 교육을 실시해야 한다. 또한 정비시설, 정비장비 및 공구, 정비병을 확보하는 등 제반 정비의 여건을 조성하여 실질적인 정비가 가능하도록 항상 확인 및 감독을 실시하며 필요시 적절한 조치를 취하여야 한다.
4) 지휘관은 전시에 수행되는 근접정비 능력을 향상시키기 위해 전투상황의 요구에 맞는 전장응급정비(BDAR)[3] 업무를 수행 할 수 있도록 평시부터 교육훈련을 감

3) 전장응급정비(BDAR : Battlefield Damage Assessment & Repair)는 전투현장에서 무력화 된 전투장비에 대하여 신속한 정비복구가 요구되나, 수리부속, 정비시간 등 제한사항 때문에 표준적인 정비절차를 적용하여 정상적인 수리가 불가능할 때 신속한 응급복구를 실시하여 최소한의 필수장치를 복구함으로써 전투임무수행이 가능하도록 유지하게 하는 정비기법을 말함.

독하고 필요한 조치를 하여야 한다.

2 기술책임

기술책임은 정비업무의 수행과 관련된 참모에게 부여된 책임을 말한다.

1) 정비에 관한 기술교리, 제도 및 방침을 수립하고, 전군에 대한 기술감독과 지휘관에게 정비에 관한 기술적인 조언을 한다.
2) 경제적 수리한계, 장비상태 분류기준, 장비수명 기준, 폐기율, 기타 기준 등 정비에 관한 제반 기준을 설정하고 이를 발전시킨다.
3) 장비 운용부대에서 제기한 개선보고 조치 및 수정작업 명령을 하달한다.
4) 장비에 대한 기술감독과 검사 · 정비 절차의 발전에 대해 기술지도를 한다.

3 직접책임

직접책임은 개인책임 또는 사용자 책임이라고도 하며 개인책임과 감독책임이 있다. 개인책임은 장비를 직접 사용하는 개인이 부담하는 책임을 말한다. 장비를 사용하는 개인은 규정된 방침과 절차에 따라 장비를 취급하여야 하며, 지급된 장비에 대해 예방정비를 실시해야 한다. 감독책임은 소대장, 분대장, 반장 등과 같이 중간지휘자의 입장에서 관할 장비에 대한 감독책임과 과장 혹은 계장 등과 같이 직위상 관할하고 있는 장비에 대한 감독책임을 말한다.

4 지원책임

지원책임은 군수사령부를 비롯한 정비지원계통상의 각급부대 및 지휘관의 책임으로 다음과 같다. 군수사령부는 군 방침에 따라 전군 지원을 위한 정비 및 생산계획을 수립하고 집행하며 계획에 대한 진도분석 및 보고와 정비창 및 야전정비부대, 사용부대에 대해 정비에 대한 기술지도와 감독을 실시하고, 야전 각 정비지원부대는 책임지역내의 지원 대상부대에 대하여 정비지원을 실시하고, 이들 부대들이 정비 업무를 효과적으로 수행할 수 있도록 기술지원과 지도방문을 실시한다.

Section 04. 정비의 구분

정비의 범주(Maintenance Category)는 정비를 위하여 요구되는 제반 능력(정비기술, 정비용 장비 및 공구, 정비시설, 수리부속)에 기초를 두고 분류한 정비체계상의 구분을 말한다. 정비의 범주를 구분하는 목적은 체계적이고 효율적인 정비지원 체계를 확립하고, 각각의 정비수행 제대에 부여되는 임무 및 책임의 범위를 명확히 하는데 있다. 군 정비의 범주는 다음과 같이 구분한다.

▲ 그림 9. 정비의 구분

1 수행 기관별 정비 구분

가. 군직정비

군직정비는 정비작업을 실시하는 부대에 따라 부대정비, 야전정비 및 창정비 등으로 구분되며, 정비작업 정도에 따라 사용자정비, 부대정비병 정비, 직접지원 정비, 일반지원 정비, 창 정비로 구분된다.

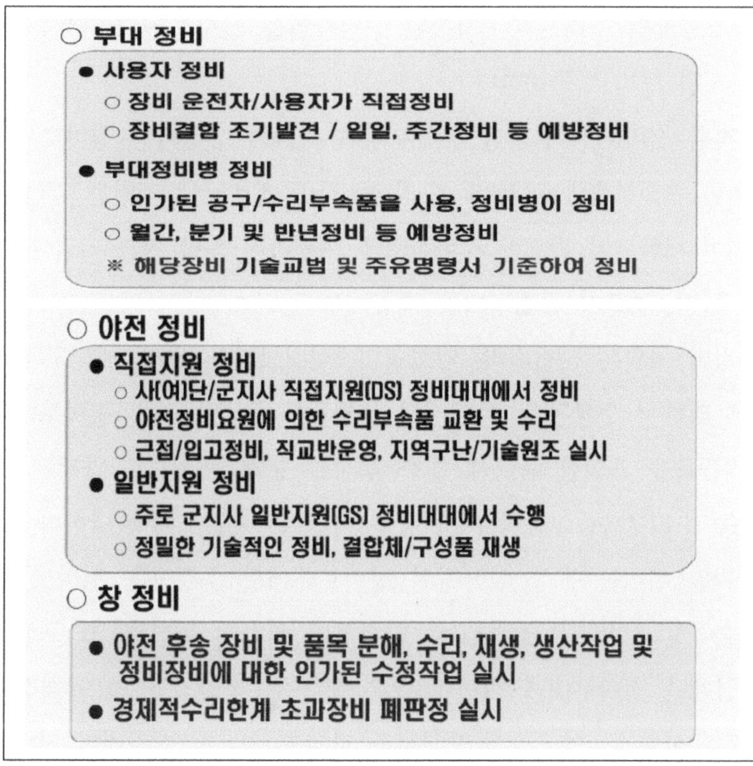

▲ 그림 10. 수행 기관별 정비 구분

1) 부대정비는 장비를 운영하는 부대에서 지휘관 책임하에 편성장비표의 인원과 공구를 사용하여 점검, 주유, 조정, 수리, 시험 및 결합체교환 등 장비 사용자 및 부대 정비병이 실시하는 정비이다. 사용자 정비는 장비를 운전 또는 사용하는 자에 의해서 수행되는 정비이며, 일일정비(장비 운용전·중·후 정비) 및 주간정비를 실시함으로써 결함을 조기에 발견하고 손질, 주유, 조정 등으로 장비 기능

을 회복시킨다. 부대정비병 정비는 편제표 혹은 기타 배당표에 인가된 공구와 수리부속품을 사용하여 교육받은 기술병이 수행하는 정비로써 부대정비병 정비는 월간, 분기 및 반년 정비로 구분한다.

정비의 시기를 결정할 때 사용기간으로 정하는 것이 부적절한 장비는 운행거리 또는 운행시간으로 정비의 시기를 결정한다. 부대정비 범위는 해당 장비의 기술 교범 및 주유명령서의 기준에 따른다.

2) 야전정비는 부대정비의 능력을 초과하는 정비작업으로서 통상 사용이 불가능한 장비와 결합체의 수리 혹은 지시된 수정작업을 실시하는 정비로 직접지원 정비와 일반지원 정비로 구분한다.

직접지원 정비는 직접지원 정비부대에 의하여 수행되는 정비로서 야전정비요원에 의한 수리부속품 교환 및 수리 등 각종 정비근무 지원을 말한다. 사용부대의 능력이 제한되어 필요한 정비작업을 수행하지 못할 때는 하급계단 정비를 지원해야 하며, 필요시 근접정비를 제공해야 한다.

야전정비 지원은 근접정비, 입고정비, 직접교환반 운영, 지역구난 및 기술 원조 등에 의하여 수행된다. 야전정비 종결품목 중 일반지원 정비부대에서 실시하는 수리품목을 제외한 품목에 대한 검사를 통해 폐품으로 판정된 완성장비 및 복구가능 수리부속품(R품목)은 전량을 야전정비수집소에 반납한다.

일반지원 정비는 통상 일반지원 정비부대에서 수행하는 정비로 보다 정밀하고, 기술적인 정비 및 군 재고로 반환하기 위하여 결합체 및 구성품을 수리한다. 하급계단 정비부대에 비하여 많은 부속품, 정밀공구 및 기계장비가 인가되어 있으며 반고정 · 영구적 공장시설을 갖추고 필요시 직접지원 정비부대에 근접하여 보강 지원한다. 야전정비 종결품목 중 일반지원 정비부대 수리대상인 품목에 대해 폐판정을 실시한다.

3) 창정비는 창 정비시설에 후송된 장비 및 품목을 분해, 수리, 재생 및 생산 작업을 말하며, 수정작업 명령에 의거 수정작업을 실시한다. 요수리품 자산을 보유하고 계획정비를 실시하며, 필요시 야전정비 부대의 능력 초과분을 보강 지원한다. 경제적 수리한계 초과 장비에 대한 폐판정 권한을 갖는다.

4) 3군 상호정비는 각 군의 정비시설을 상호 이용하여 경제적인 정비지원을 하는 것을 말한다. 3군 상호정비 지원은 주 장비를 보유한 군에서 지원하며, 지상공통 장비에 대해서는 육군이 해 · 공군에 야전 및 창 정비를 지원한다. 통신 및 특수 장비, 정밀측정 등은 공군에서 정비를 지원하며, 선박은 해군에서 정비를 지원한다.

5) 군외정비는 정부단체에서 보유한 장비 중 정부기관 또는 민간업체에는 정비능력이 없을 때 군에서 정비지원을 제공하는 것을 말한다.

나. 외주정비 및 해외정비

1) 외주정비는 군 정비 능력을 초과하거나 군정비가 비경제적 또는 품질면에서의 외주정비가 효과적일 때 실시한다. 비표준 및 희소장비로써 야전정비가 경제적인 품목은 야전에서 직접 외주정비 할 수 있다. 정비의 정도에 따라 외주수리, 외주재생으로 구분한다.

2) 해외정비는 군직정비 및 국내 외주정비가 불가한 장비 및 주요 결합체를 해외(국내 미군시설 포함)에서 정비의뢰 하는 것으로, 이에 관한 업무는 군수사령부에서 관장한다.

2 지원 형태별 정비 구분

가. 직접지원 정비

정비에 있어서 직접지원이란 중간 시설을 거치지 않고 사용부대를 직접 상대하여 지원을 제공하는 형태를 말하며, 사용부대의 지원요청에 우선을 둔다. 사용부대는 부대정비수준을 초과하는 고장장비에 대해 정비지원을 요청할 책임이 있고, 직접지원 정비부대는 해당 수준의 정비지원 책임과 직접지원 정비수준을 초과하는 사항에 대하여 일반지원정비부대에 지원을 요청할 책임이 있다. 직접지원시의 행정은 사용부대와 직접 거래하여 처리한다.

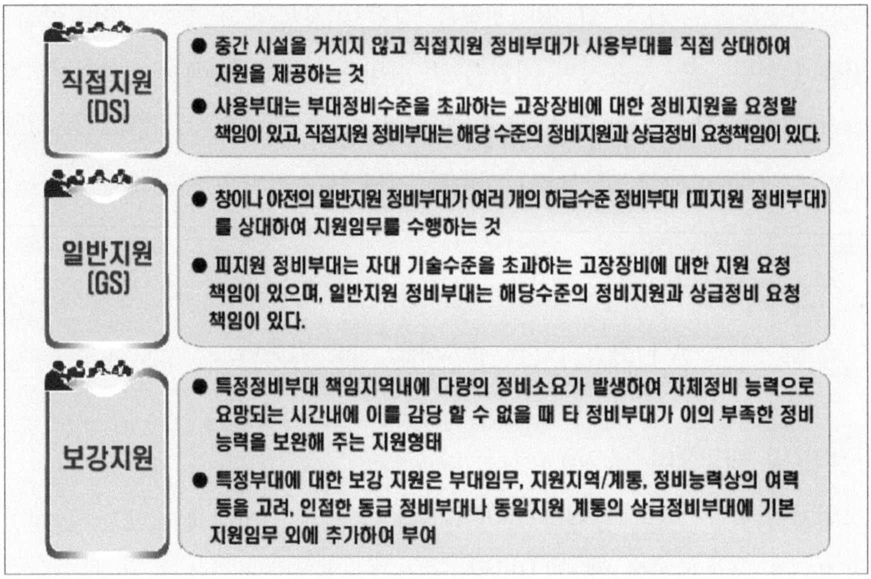

▲ 그림 11. 지원형태별 정비 구분

나. 일반지원 정비

일반지원 정비는 야전의 일반지원 정비부대가 여러 개의 하급수준 정비부대(피지원 정비부대)를 상대하여 지원임무를 수행하는 것을 말한다. 피지원 정비부대는 자대 기술수준을 초과하는 고장장비에 대해 지원요청을 할 책임이 있으며, 일반지원 정비부대는 해당수준의 정비지원을 하는 책임과 차상급 수준의 정비를 위해 후송하거나 지원을 요청할 책임이 있다. 일반지원시의 정비행정은 피 지원부대와 직접 거래하여 처리한다.

다. 보강지원 정비

보강지원 정비는 전술상황이나 기타 여러 원인으로 특정한 정비부대의 책임지역 내에서 다량의 정비소요가 발생하여 자체정비 능력으로는 요망되는 시간 내에 이를 감당 할 수 없을 경우, 여력이 있는 정비부대가 정비책임부대의 정비능력을 보완해 주는 지원형태를 말한다. 일반적으로 보강지원 정비는 부대의 임무, 지원지역과 지원계통, 정비능력상의 여력 등을 고려하여 인접한 동급 정비부대나 동일지원 계통의 상급정비부대에 기본적인 고유의 지원임무에 추가하여 부여한다. 따라서 보강지원 정비임무가 부여된 부대는 기본적인 고유의 지원임무(직접, 일반)를 우선하되,

보강지원 임무를 우선할 필요성이 있을 때는 상급제대의 승인을 득한 후 실시한다. 보강지원 정비시의 행정은 보강지원부대와 피 보강부대가 직접 거래하여 처리한다.

한편, 근접정비 지원은 직접지원, 일반지원, 보강지원 임무를 띤 정비부대가 부대 주둔지로부터 피 지원부대에 보다 밀접히 근접하여 정비지원을 제공하거나 정비활동을 수행하는 것을 말하며 다음과 같이 실시한다. 직접지원 정비부대는 사용부대 지역 내 장비 고장 현장이나 정비 수집소에서 실시하며, 일반지원 정비부대(창 정비 부대 포함)는 주로 하급 정비부대의 정비시설이나 하급 정비부대 책임 지역 내에서 실시하나, 긴급한 전투긴요 장비의 정비를 위해서는 사용부대의 지역 내에서 실시할 수도 있다. 이처럼 근접정비 지원은 통상 전술상황하에서 전투부대의 작전 요구를 충족시키거나 평소 지원의 효율성을 극대화하기 위해 수행된다.

3 기술 수준별 정비 구분

기술 수준은 정비계단으로 표시된다. 정비계단은 정비 행위(검사, 교환, 시험, 조정, 수리, 재생 등)별로 요구되는 기술적 수준이며, 특정장비나 구성품, 결합체, 부분품을 정비하는데 소요되는 장비 및 공구, 수리부속의 사용이 허용된 최저 정비책임부대를 의미하기도 한다. 이에 대해서는 제5절에서 상세히 설명한다.

4 수행 방법별 정비 구분

가. 입고정비

입고정비는 정비대상 장비를 정비기술요원과 검사 및 정비용 공구, 장비, 기재, 수리부속 등이 갖추어진 정비시설에 입고하여 실시하는 정비를 말한다. 입고 정비 시에는 통상 표준정비절차(SOP)를 적용한다. 입고대상 장비는 피지원 부대의 정비 수준을 초과하는 장비로서 장비의 특성상 반드시 입고정비를 요하거나 또는 전술상황이나 기타 정비작업 여건상 장비가 있는 현지에서의 정비가 곤란한 장비를 대상으로 한다. 모든 정비지원 부대는 입고정비를 위한 고정 또는 반 고정식 정비시설을 갖추어야 한다. 그러나 충분한 기동성이 요구되는 야전 직접지원 정비부대는 정비용 천막 등으로 이동식 정비고를 구비할 수 있다. 입고정비는 작업수행의 효율성, 정비결과의 신뢰성, 정비요원의 안전성 · 생존성을 제고시킬 수 있으나, 반면에 장비의 후송 및 이송에 따른 장비운용부대 · 지원부대의 부담과 전장복귀시간의 지연 등을 초래한다.

나. 이동정비

이동정비는 정비지원부대가 정비요원과 정비공구 및 수리부속을 구비한 정비용 차량으로 사용부대를 순회 방문하여 현지에서 실시하는 정비를 말한다. 이때의 현지는 장비를 운용하고 있는 부대지역을 뜻하며, 정비지원부대의 책임 지역내 전 사용부대를 대상으로 피지원 부대의 요청이나 사전에 수립된 계획에 의거 주기적으로 실시된다.

다. 현장정비

현장정비는 소규모 정비제대(반 또는 팀)가 장비의 운용현장에 출동하여 불가동 장비를 구난 또는 수리를 통하여 가동 상태로 복구시키는 활동을 말하며 현장복구와 동일한 의미를 가진다. 현장정비에서의 운용현장은 정비대상 장비가 위치한 곳을 지칭하나 전투부대가 전투수행을 위해 전개된 상황 하에서는 접적 지역으로부터 대대급제대의 전투 치중대 지역까지를 망라한다. 현장정비는 전투수행에 긴요한 장비를 대상으로 현재의 전술상황에서나 예상되는 전술상황의 긴박성에 대처하여 장비의 신속한 복구가 요구될 때 실시한다. 정비부대는 현장정비를 효율적으로 수행하기 위해서 현장정비반이 출동하기 전에 고장장비 주변상황에 대한 정보획득, 충분한 정비자원 확보, 정비요원의 생존성 보장을 위한 대책을 강구해야 한다.

▼ 표 10. 이동정비와 현장정비의 비교

구 분	이동정비	현장정비
적용상황	• 평시	• 전술적 상황하
실시시기	• 지원부대 계획 • 사용부대 요청	• 사용부대 요청 • 지원부대 인지시

대상지역 / 장소	• 지원 책임지역내 전부대 • 사용부대 정비고, 장비운용 현장	• 전투 및 전투지원부대 • 고장현장
대상장비	• 계획에 포함되었거나 지원을 요청한 전장비	• 전장응급정비절차 적용 • 구난작업 병행
실시방법	• 표준정비절차 적용 • 차기 정비지원 소요 파악과 병행	• 전장응급정비절차 적용 • 구난작업 병행

Section 05. 정비 계단

정비 계단(echelon of maintenance)은 정비 행위별로 요구되는 기술적 수준으로서, 특정 장비나 구성품, 결합체, 부분품을 정비함에 있어 소요되는 장비 및 공구, 수리부속의 사용이 허용된 최저 정비책임부대를 나타낸다. 군은 장비 및 물자의 효율적인 정비를 위하여 정비계단을 아래의 그림과 같이 5계단으로 구분하여 설정하고, 계단별 정비 작업제대와 작업범위를 해당 장비의 2계단 정비 기술교범의 정비할당표에 수록하고 있다.

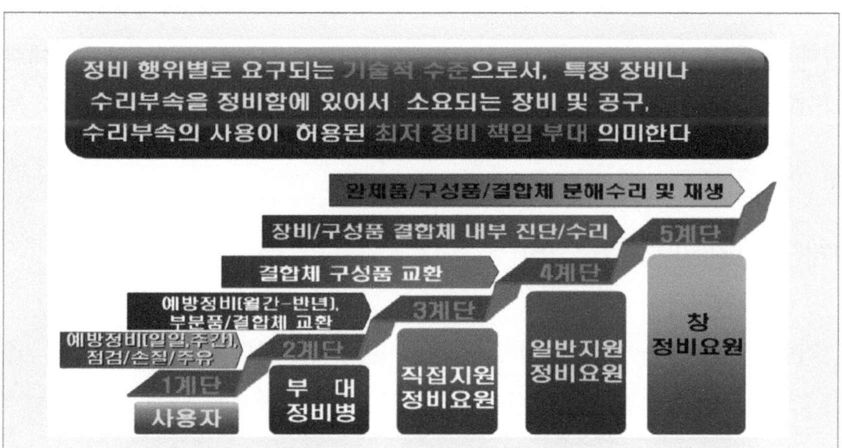

▲ 그림 12. 정비 계단의 개념

1 1계단 정비(사용자 정비)

사용부대에서 장비유지를 위해 실시하는 가장 기초적인 정비로서 장비 운용자에 의해 수행되는 정비작업이다. 즉 기술교육을 받은 정비병의 도움을 받아 실시하는 점검, 손질, 주유, 허용된 조정, 허용된 부속품 교환 등의 정비작업을 말한다. 1계단 정비는 장비의 운용 전·중·후의 점검 및 정비 등 일일·주간정비로 나누며, 예방정비 개념에 의거 계획정비를 실시한다.

2 2계단 정비(부대정비)

부대 장비에 대해 특별히 기술교육을 받은 부대 정비병에 의하여 수행되는 정비작업을 말하며, 1계단 정비수준을 초과하는 정비작업을 위해 정비병, 수리부속품, 공구 및 기재, 시험장비 등이 편제표와 기술교범 등에 인가되거나 할당된다. 2계단 정비는 월간·분기·반년정비 등 예방정비 개념에 의거 계획정비를 실시한다.

3 3계단 정비(직접지원 정비)

특별히 기술교육을 받은 정비요원에 의하여 수행되는 야전정비를 말하며, 결합체의 수리 작업과 결합체 및 구성품의 교환 작업을 위주로 실시한다. 이러한 3계단 정비는 주로 직접지원 정비부대에서 실시한다.

4 4계단 정비(일반지원 정비)

고도의 기술수준을 가진 정비요원에 의하여 수행되는 정비작업으로 장비, 구성품, 결합체 등의 수리작업을 위주로 실시한다. 이러한 4계단 정비는 주로 일반지원 정비부대에서 실시하나, 특별히 인가된 경우에는 3계단 정비부대에서도 실시할 수 있다.

5 5계단 정비(창 정비)

고도의 기술수준과 숙련된 정비요원에 의하여 수행되는 정비작업으로 완제품, 구성품 및 결합체의 분해수리와 재생작업을 위주로 한다. 이러한 5계단 정비는 창정비 부대에서 주로 실시하나, 특별히 인가된 경우에는 4계단 정비부대에서도 제한적으로 실시할 수 있다.

6 정비할당표

정비할당표는 장비(완제품)를 정비함에 있어서 그 구성품 및 결합체에 대한 각 정비기능 즉, 정비 행위별 정비책임 제대를 명시한 표로서 기술교범 작성의 기준이 되며 통상 2계단 기술교범의 부록에 수록된다. 정비 할당표에는 완제품의 구성장치별 그룹번호, 정비기능(정비행위), 책임정비제대 및 작업인시, 정비용 장비 및 공구 등이 명시된다.

▼ 표 11. 정비할당표 : 예

1) 그룹 번호	2) 구성품 및 결합체	3) 정비 기능	4) 정비계단 및 인시					5) 정비용 장비 및 공구	6) 비고
			1(C)	2(O)	3(F)	4(H)	5(D)		
01	엔진	검사	0.10					2, 6, 65	
		시험		0.62				1, 3	
0101	엔진조립체	손질		0.66					
		조정		0.20				1, 2, 3, 9, 16	
		교환			6.00				
		검사	0.05						
010101	흡기다기관 계통	수리			1.25			1, 2	

1) 그룹번호 : 숫자로 표시되며(완제품 및 구성품 : 2자리수, 결합체 : 4자리수, 소결합체 및 모듈 : 6자리수), 정비를 요하는 구성품, 결합체, 소결합체, 모듈 등의 연

관성을 식별하는데 사용된다.

2) 구성품 및 결합체 : 정비하도록 인가된 구성품, 결합체, 소결합체 및 모듈의 명칭이 기록된다.

3) 정비기능 : 구성품, 결합체 등의 품목에 대하여 수행되어야 할 정비 행위가 기록되며, 이러한 정비 행위에는 검사 · 시험 · 근무 · 조정 · 정열 · 측정 · 제거 및 설치 · 교환 · 수리 · 분해검사 · 재생 등이 있다.

4) 정비계단 및 작업인시 : 3)항에 명시된 정비 기능을 수행 할 수 있는 최저 정비계단과 정비 기능 수행에 필요한 인시가 표시된다. 정비계단은 부호로 부여되며 부호별 정비제대는 아래와 같다.

정비계단(부호)	정비제대
1(C)	사용자(운용병, 승무원)
2(O)	사용부대
3(F)	직접지원 정비부대
4(H)	일반지원 정비부대
5(D)	정비창

5) 정비용 장비 및 공구 : 할당된 정비 기능을 수행하기 위해 필요한 일반 및 특수공구, 시험 장비, 측정 장비, 진단 장비 등의 부호가 기술된다.

6) 비고 : 3)항에 명시된 정비 기능을 수행하는데 도움이 되는 보충지침 및 참고교범이 부호로 기술되며, 부호는 정비할당표에 기술된다.

Chapter 4

장비의 분류

Section 01. 장비의 정의 및 기능별 분류

1 장비의 정의

장비는 군대나 함정 등의 전투력을 이루는 무기나 장치로서, 개인 또는 부대를 장비하고 운용하는데 필요한 품목이다. 장비는 전차, 차량, 총포, 항공기 등과 같이 동력원이 공급되면 부대 운영에 필요한 주요 기능을 독립적으로 수행할 수 있고, 정해진 수명기간 동안 동일성을 유지할 수 있는 완제품이다. 또한 장비는 구조적으로 부분품, 결합체, 구성품으로 이루어지며, 국방장비 목록 또는 장비편성표에 등재된다.

2 기능별 분류

1) 화력장비는 소 · 중화기류, 화포류, 전차, 장갑차, 화염방사기 등 직접사격을 가하는 장비와 이러한 장비의 기능을 유지하기 위한 감시장비, 포병용 측량 및 측지기구, 사격기재, 수리부속 수리용 특수장비 등이 포함된다.
2) 기동장비는 각종 차량장비, 오토바이, 지게차. 트레라류와 차량장비를 유지하고 정비하기 위한 수리용 특수장비 등이 포함된다.
3) 특수무기는 전자유도병기, 레이더식, 전자사격 통제장치를 포함하는 대공화기와

수리용 특수장비가 포함되며, 대공유도무기(나이키, 호크 등), 대공화기(오리콘, 발칸 등), 지대지유도무기(지대지유도탄), 지대지 로켓(어네스트 죤 등)로 구분된다.

4) 통신 · 전자 장비는 유 · 무선 통신장비, 레이더를 포함한 탐지장비, 전자장비, 첨단광학장비, 시험 및 계기장비, 사진장비 등이 포함된다.

5) 항공 및 함정은 항공기 기체 및 항공기 주 기능과 관련되는 부수장비 류와 선박, 조정의 선체 및 이러한 장비의 주 기능을 유지하기 위한 부수장비 등이 포함된다.

6) 일반장비는 건설 및 포장장비, 발전 및 공압 장비, 도하장비, 소화 및 급수 장비, 정비 또는 공작용 기계장비, 화생방장비, 근무장비, 온 · 냉난방장비, 측지장비, 물자 운반궤도장비, 폭파기구, 제초기 등이 포함된다.

7) 단독장비는 장비 체계별(화력, 기동, 특수무기, 항공 및 함정, 통신전자, 일반장비)로 관리책임을 분류한다. 혼성장비는 2개 이상의 장비로 구성된 장비로서 장착된 장비가 공용성이 없을 시에는 주장비의 분야로 통합하여 분류하고, 공용되는 품목은 주장비와 분리하여 해당 장비 분야로 분류한다.

Section 02. 상태별 분류

1 분류기준 "A" (완전임무수행 가능)

주 장비와 보조 장비 및 부수장비가 정상 가동사태를 유지하고, 즉각 임무수행에 투입 가능한 장비를 말한다.

2 분류기준 "B" (임무수행 제한)

주 장비는 정상 가동상태를 유지하고 있으나 보조 장비와 부수장비 중 일부가 불가동 상태에 있는 장비로, 비상 임무수행은 가능하나 정상 임무수행에는 제한을 받는 장비를 말한다.

3 분류기준 "C" (요정비)

주 장비가 불가동 상태인 장비로 경제적 수리한를 초과하지 않는 상태의 정비대기 장비나 순환정비 및 부대정비 중인 장비 또는 가동은 되나 임무수행이 불가능한 장비 등을 말한다.

4 분류기준 "D" (폐품 및 도태장비)

경제적 수리한계를 초과한 장비로서 폐처리 또는 도태 대상 장비 등과 같이 본래의 목적에 사용 할 수 없는 상태의 장비를 말한다.

Section 03. 편제장비 분류

편제장비란 부대 편제표상의 임무 및 기능 수행에 필수적인 장비로서 편제표에 수록된 장비를 말하며, 기본편제 장비, 지역편제 장비, 교육편제 장비로 분류한다. 국방장비목록 편람에 등록된 장비를 대상으로 정보작전 참모부에서 편제장비의 편성심의를 거쳐 편제표에 반영하며, 기능별로 화력 · 특수무기 · 기동 · 항공 · 함정 · 통신전자 · 일반 · 의무 · 정밀측정 장비 등으로 구분한다. 기본편제 장비는 편제표상의 임무 및 기능수행을 위하여 기본적으로 편성된 필수장비와 이를 지원하는 장비이며, 지역편제장비는 특수한 지역여건이나 특정 임무수행을 고려하여 추가로 편성된 장비로 GP부대 및 해안경계부대의 야간감시 장비나 공용화기 등이다. 교육편제 장비는 교육훈련부대 및 학교기관에서 교육훈련을 위해 편성된 장비를 말한다.

Section 04. 무기체계에 의한 분류

무기체계는 유도무기, 항공기, 함정 등 전장에서 전투력을 발휘하기 위한 무기와 이를 운영하는데 필요한 장비, 부품, 시설, S/W 등 제반 요소를 통합한 것을 말하며, 전력지원체계는 무기체계 외의 장비, 부품, 시설, S/W, 그 밖의 물품 등 제반 요소를 말한다. 무기체계의 분류기준은 국방부 훈령(전력발전업무규정)에 의해 대분류, 중분류, 소분류로 구분하며, 세부 분류는 다음과 같이 분류한다.

1 지휘통제 · 통신 무기체계

중 분 류	소 분 류	대 상 장 비
지휘통제 체계	합동지휘통제체계	전략제대C4I지휘소자동화체계(CPAS),합동지휘통제체계(KJCCS), 군사정보통합처리체계(MIMS) 등
	지상지휘통제체계	지상전술C4I체계(ATCIS) 등
	해상지휘통제체계	해군전술C4I체계, 해군전술지휘통제체계, 등
	공중지휘통제체계	공군전술C4I체계, 자동화방공통제체계, 공중조기경보통제기, MCRC 등
통신체계	전술통신체계	MSC-500K 전술통신체계(SPIDER), 국형합동전술데이터링크체계(JTDLS), 전술정보통신체계(TICN) 등
	위성통신체계	군 위성통신체계(KMSCN), 해상작전위성통신체계 등
	공중중계체계	UAV 중계기 등
통신장비	유선장비	전술용전자식교환기(TTC-95K, SB-30K 등), 전술용전자식전화기, 야전용전화기 등
	무선장비	휴대용 · 차량용FM무전기(PRC-999K), 휴대용 · 차량용AM무전기, U · VHF공지통신장비, 소부대무전기, 무선전송장비(다중채널무선전송장비, M/W 등), 차기소부대무전기 등
	기타 통신장비	경보용수신기(GRR-5K), 무선송수신기, 고속전문처리기, 정보 · 보안장비 등

2 감시 · 정찰 무기체계

중분류	소분류	대상장비
전자전장비	전자지원장비	기지용 ES장비, 지상 · 해상 · 공중신호정보수집 장비, 동 · 서부지역 ES장비, 레이더경보수신기 등
	전자공격장비	동 · 서부지역 EA장비, 함정용 ES/EA장비, 전자전탄 살포기, 전자방해장비 등
	전자보호장비	유도탄접근경보기 등
레이더장비	감시레이더	GPS-100, SPS-95, GPS-98K, MR-1600, 지상감시장비(RASIT), 대함레이더 등
	항공관제레이더	MPN-14, GPN-22, TPN-24 등
	방공관제레이다	TPS-65, TPS-77, FPS-117 등
기상감시장비	기상위성감시장비	기상위성수신체계 등
	기상감시레이더	RDR-IF, WXR-350A, TWR-850, DWSR-93C, WSR-74C, METOR-360C 등
	기상관측장비	항공자동기상관측장비, 운고측정장비, 상층대기 분석장비, 상측풍관측장비, 자동기상관측장비 등
전자광학장비	전자광학장비	전자광학영상장비(LOROP), 전술정찰정보수집장비 (TAC-EO), KA-56, KS-92A, 정찰위성(EO/IR) 등
	광증폭야시장비	PVS-98K, AVS-01K, CK-037 등
	열상감시장비	TAS-502, TAS-970K, PAS-01K, 전방관측적외선장비 등
	레이저 장비	야간표적지시기, GAS-1K 등
수중감시장비	음탐기	선체고정형음탐기(HMS), 예인음탐기(TASS), 수중탐색음탐기 등
	어뢰음향대항체계	SLQ-260K, SLQ-25K 등
	수중감시체계	항만감시체계 등
	기타 음파탐지기	자기탐지기(MAD) 등
기타		OX-60, AN/UPX-23, 해군음향정보관리체계(NAIMS), 군사지리정보 체계(MGIS), 26인치 제논탐조등 등

3 기동 무기체계

중 분 류	소 분 류	대 상 장 비
전 차	전투용	M47, M48A2, M48A3K, M48A5/5K. K-1, K1A1, T-80U, 차기전차 등
	전투지원용	K-1 구난전차, M88A1 구난전차 등
장 갑 차	전투용	K-200/A1, CM6614, BMP-Ⅲ, LVTP7A1, KAAVP7A1, 차륜형장갑차, K-281/A1, K-242/A1, K-21보병전투장갑차 등
	지휘통제용	K-277, LVTC7A1, KAAVC7A1 등
	전투지원용	• 사격지휘용 : K-77 등 • 화생방정찰용 : K-216 등 • 구난용 : K-288/A1, KAAVR7A1 등 • 탄약운반용 : M548, K-10 탄약운반장갑차 등
전투차량	전투용	중형전술차량, TOW · 106mm · 제논 탑재차량, K-532 다목적전술차량 등
	지휘용	5톤 확장식밴, $1\frac{1}{4}$톤 · $2\frac{1}{2}$톤 사격지휘차 등
	전투지원용	5톤 · 10톤 구난차, 궤도형정비샾, 정비샾차량($1\frac{1}{2}$톤, $2\frac{1}{2}$톤) 통신중계용전술차량(K-534), $1\frac{1}{4}$톤 통신가설차, 암호차량($1\frac{1}{2}$톤, $2\frac{1}{2}$톤) 등
기동/ 대기동 지원장비	전투공병장비	장갑전투도쟈(M9ACE), 다목적 굴착기, 장애물개척차 등
	간격극복 및 도하 장비	부교(M4T6), 기동부교(RBS), 장간 · 간편조립교, 교량전차(AVLB), 차기전술교량, 자주도하장비 등
	지뢰지대 극복장비	MICLIC, 휴대용 지뢰탐지기(PRS-17K), 지뢰제거장비(Mine Breaker) 등
	대기동장비	한국형 살포지뢰, 원격운용통제탄, 폭파기구셑 등
	기동 항법장비	휴대용 GPS(군사용) 등
	기타 지원장비	항공기 견인차, 유조차($2\frac{1}{2}$톤 이상), 신형정수장비 등
지상무인 전투체계	전투용	-
	전투지원용	-
개인전투 체계	-	-

4 함정 무기체계

중분류	소 분 류	대 상 장 비
수 상 함	전 투 함	구축함, 호위함, 초계함, 고속정 등
	기뢰전함	기뢰부설함, 소해함, 기뢰탐색함 등
	상 륙 함	대형수송함, 상륙함, 고속상륙정 등
	지 원 함	군수지원함, 잠수함구조함, 수상함구조함, 해양조사함, 잠수정모함 등
잠수함(정)	잠 수 함	잠수함, 소형잠수함 등
	잠 수 정	잠수정, 무인잠수정 등
전투근무 지원정	경 비 정	항만경비정, 도하경비정 등
	수 송 정	항만수송정, 근무주정 등
	군수/근무지원정	청수정, 유조정, 냉동정, 예인정, 청소정, 준설정, 토운정, 기중기정, 고속정지원정, 초소지원정, 계류지원정, 폐유지원정 등
	상륙지원정	상륙정, 상륙부교예인정 등
	특 수 정	잠수지원정, 구조지원정, 반잠수정모함/자선, 침투선박, 시험지원정 등
함정전투 체계	함정전투체계	호위함전투체계(SSCS), 구축함전투체계(AEGIS), 잠수함용전투체계 등
해상전투 지원장비	함정사격통제장비	WM-28, WSA-423, WCS-86 등
	함정피아식별장비	UPX-27, TPX-54, APX-72 등
	함정항법장비	GPS, SRN-15A 등
	침투장비	수영자이송정(SDV) 등
	소해장비	무인기뢰처리기 등
	구난, 구명장비	심해잠수구조정(DSRV) 등
	기타 지원장비	-

5 항공 무기체계

중분류	소 분 류	대 상 장 비
고정익 항공기	전 투 기	F-4, F-5, KF-16, F-15K, FA-50 등
	폭 격 기	
	공 격 기	
	수 송 기	C-130, CN-235, HS-748 등
	훈 련 기	KT-1, T-103, T-38, T-50, T-59 등
	정보 · 전자전기	RF-4C, RF-16, RC-800 등
	해상초계기	P-3C 등
	기 타	L-2, CARVAN-II, KA-1 등
회전익기	기동헬기	UH-1H, UH-1N, UH-60, CH-47D 등
	공격헬기	AH-1, 500MD토우기, ALT-III, LYNX 등
	정찰헬기	500MD기본기, BO-105 등
	탐색구조헬기	BELL-412, AS-332, HH-32, HH-47, HH-60 등
	지휘헬기	VH-60, VH-92 등
무인 항공기	-	무인전투기, 무인정찰기, 대공제압무인기 등
항공전투지원 장비	항공기사격통제장비	AN/APG-68, AN/APG-63, IRST, HUD 등
	정밀폭격장비	LANTIRN, Pave Take / Spike 등
	항공항법장비	INS, GPS, TACAN, ILS, RDR, ALT, ADF 등
	항공기피아식별장비	AN/APX-76, AN/APX-101 등
	기타 지원장비	항공기시동장비, 항공기부양견인장비, 폭탄운반장비, 폭탄장탈착기 등

6 화력 무기체계

중 분 류	소 분 류	대 상 장 비
소화기	개인화기	38 · 45구경 권총, M16A1, K-1 · K-2소총, 수중권총, M203 · K-201 유탄발사기 등
	기관총	K-3 · K-4 · M60 · K-6기관총 등
대전차화기	대전차 로켓	M72LAW, PZF-3 등
	대전차유도무기	METIS-M, TOW 등
	무반동총	90mm · 106mm 무반동총 등
화 포	박격포	60mm · 81mm · 4.2"박격포 등
	야 포	105mm(M101, KH-178), 155mm(M114A1, KH-179, K-55, K-9), 8"자주 · 견인포 등
	다련장 및 로켓	MLRS, 130mm 다련장, H · J, 2.75" 로켓 등
	함 포	20mm, 30mm, 40mm, 76mm, 127mm 등
화력지원 장비	표적탐지 · 화력통제레이더	TPQ-36, TPQ-37 등
	전차 및 화포용 사격통제장비	전차장 열상조준경, 전차 포수조준경, BTCS 등
	기타 화력지원장비	측지제원계산기, 광파거리측정기, 자동측지장비 등
탄 약	지 상 탄	기관총탄, 박격포탄, 포병탄, 전차포탄, 로켓탄, 지뢰, 폭약 등
	함 정 탄	20mm, 30mm, 40mm, 76mm, 127mm, 기뢰, 폭뢰 등
	항 공 탄	일반폭탄, 유도폭탄, 확산탄, 조명탄 등
	특수탄약	전자파펄스탄, 탄소섬유탄 등
	유도탄능동유인체	대유도탄기만체(DECOY), CHAFF, R-BOC 등
유도무기	지상발사유도무기	지대지유도무기(현무, ATACMS), 지대함유도탄(HARPOON) 등
	해상발사유도무기	함대지 · 함대함 · 함대공유도탄, 잠대함유도탄 등
	공중발사유도무기	공대지 · 공대함 · 공대공유도탄 등
	수중유도무기	경어뢰, 중어뢰, 장거리대잠어뢰 등
특수무기	레이저무기	고에너지 레이저무기, 고출력 마이크로파 무기, 초저주파 음향 무기 등

7 방호 무기체계

중분류	소분류	대상장비
방공	대공포	20mm대공포, 30mm대공포, 35mm대공포, M45D, M55 등
	대공유도무기	미스트랄, 재브린, IGLA, 천마, 호크, 나이키 등
	방공레이더	TPS-830K, DA-05 등
	방공통제장비	TSQ-73, 방공C2A 등
화생방	화생방보호	방독면, 보호의, 화생방집단보호시설, 가스입자여과기, 정화통 등
	화생방정찰 · 제독	화생방정찰차, 화학자동경보기, 방사능측정기, 신형제독차, 휴대용제독기, 중형제독기, 개인제독킷 등
	연 막	발연기, 적외선차폐겸용발연체계 등

8 기타 무기체계

중분류	소분류		대상장비
전투필수시설	작전지휘시설		TOC건설 등
	통신시설		M/W망건설 등
	전투진지 및 경계시설		접적지역 해 · 강안 및 GOP경계시설 등
	해상 및 항공 작전시설		항만, 부두, 비행장, 활주로 등
	기타 시설		격납고, 탄약고 등
국방 M&S 및 전술훈련 모의장비	국방 M&S	훈련용	태극 JOS모의모델, 대화력전 모의모델, 창조21모델, 창공모델, 천자봉모델, 청해모델, 해군특수전(UDT/SEAL) 모의훈련체계 등
		분석용	합동작전 분석모델, 차세대합동작전 분석모델, C4ISR 시뮬레이션모델, 항공무장효과산출모델, 해병대 상륙작전분석모델 등
		획득용	JMASS모델 등
	전술훈련모의장비		K계열전차 소부대 전술모의훈련장비, P-3 및 LYNX모의훈련장비, 전투기 · 수송기 · 훈련기 모의훈련장비 등

9 전력지원체계

<table>
<tr><th>중 분 류</th><th>소 분 류</th><th>대 상 장 비</th></tr>
<tr><td rowspan="4">일반군수품</td><td>병력운영, 시설유지, 장비유지 및 운영에 필요한 장비 및 물자</td><td>일반차량, 버스, 승용차, 도쟈, 크레인, 정비장비/물자(공구) 등</td></tr>
<tr><td>개인의 기본 및 방호 장구</td><td>전투화, 전투복, 천막, 나침의, 헬멧, 방탄복, 대검, 야전삽 등</td></tr>
<tr><td>전력화 장비의 운영유지에 필요한 수리부속 및 유지 물자</td><td>부분품(Part), 결합체(Assembly), 모듈(Module), 각종 유류 등</td></tr>
<tr><td>기타 공병, 병참, 의무, 통신, 함정, 항공 등의 일반적인 근무지원 장비 및 물자</td><td>발전기, 축전지, 위장막, 철조망, 야전취사기구, 급수펌프, 난방기구, 충전기, 소화기, 해상브이, 정훈기재, 기상팩스, 사진장비, 정밀측정, 야전숙영 장구 및 물자 등</td></tr>
<tr><td rowspan="2">자동화
정보체계</td><td>자원관리정보체계</td><td>교육훈련, 보조교육체계, 자원관리, 국방M&S(자원소요분석모델 등), 사무자동화 등</td></tr>
<tr><td>기반체계</td><td>정보통신망, 컴퓨터체계, 정보보호체계, 상호운용성기반환경체계 등</td></tr>
<tr><td rowspan="3">교육훈련용
장비/물자</td><td>교육훈련용 장비</td><td>중대급 마일즈 장비, 기계화대대 훈련용 마일즈 장비 등</td></tr>
<tr><td>교보재류</td><td>실험실습장비, 특수교보재 등</td></tr>
<tr><td>교육지원장비</td><td>빔 프로젝트, 환등기 등</td></tr>
<tr><td>기 타
일반시설</td><td>-</td><td>교육훈련장, 사격장, 방음벽, 강의실 등</td></tr>
<tr><td colspan="3">무기체계로 분류되지 않은 기타 장비 및 물자</td></tr>
</table>

10 국방정보체계

<table>
<tr><th>중 분 류</th><th>소 분 류</th><th>대 상 장 비</th></tr>
<tr><td rowspan="5">자동화
정보체계</td><td>자원관리
정보체계</td><td>기획 · 인사, 예산 · 회계, 군수 · 조달, 전자행정체계, 컴퓨터보조교육체계(CBT) 등</td></tr>
<tr><td rowspan="4">기반체계</td><td>• 정보통신망
- 국방전산통신망(LAN, WAN, M/W망, 위성망, 전화교환망 등)
- 상용정보통신망(인터넷, 정부고속망 등)
* 구성요소(교환체계, 전송체계, 단말체계, 망관리체계 등)</td></tr>
<tr><td>• 컴퓨터체계
- PC, 서버, 부수장비, 장비운용소프트웨어 등</td></tr>
<tr><td>• 정보보호체계
- 정보보호 관련 소프트웨어 및 장비</td></tr>
<tr><td>• 상호운용성 기반환경체계
- 국방정보체계 표준기술, 공통운영환경, 데이터공유환경, 상호운용성 수준평가, 아키텍처프레임워크 표준절차 등</td></tr>
</table>

Chapter 5

정비부대의 편성과 기능

작전지역내의 다양한 정비지원 임무를 수행하기 위해 여러 유형의 정비부대가 편성된다. 연대지역에는 근접지원정비중대가 있고, 사단지역은 정비중대와 3개의 근접지원정비중대를 지휘 및 감독하는 정비대대가 있다. 군단지역은 일반지원과 직접지원을 위한 2개 유형의 정비대대가 있으며, 후방지역은 야전정비 수준을 초과하는 장비의 정비를 담당하는 종합정비창이 있다. 이처럼 각 제대별 정비부대의 임무는 전투지속능력을 보장하기 위하여 전·평시 편성된 장비에 대하여 정비 지원과 장비 및 수리부속의 보급 지원을 하는 것이다.

Section 01. 사단 및 여단의 정비부대

1 개 요

사단 및 여단 정비부대는 사단 및 여단 보유 장비에 대한 야전정비 지원과 장비 및 수리부속, 정비공구 보급에 대한 직접지원을 실시하고, 일반지원은 지역 내 군수지원사령부의 예하 일반지원 정비대대로부터 제공을 받는다. 다량의 정비소요가 발생될 경우에는 군수지원사령부의 예하 정비대대로부터 보강지원을 받는다.

2 상비사단 및 동원사단의 정비대대

상비사단 및 동원사단의 정비대대는 대대본부, 정비지원중대 그리고 3개의 근접지원중대로 편성되어 있다. 그러나 동원사단 정비대대의 경우 전시 증편 전에는 제한된 범위 내에서 임무를 수행하며, 평시에는 수송중대를 운용한다. 임무는 다양한 작전환경 하에서 사단 보유 장비에 대한 야전정비지원과 장비 및 수리부속 및 정비공구에 대한 보급지원을 수행한다. 기능은 화력, 기동, 통신, 일반장비에 대한 정비지원과 장비와 정비공구의 수령, 저장 불출, 그리고, 전·평시 장비구난지원 및 사용불가 장비 및 수리부속 보급품의 수집, 분류, 후송, 처리, 반납, 기술지도 및 신교리 전파 등이 있다.

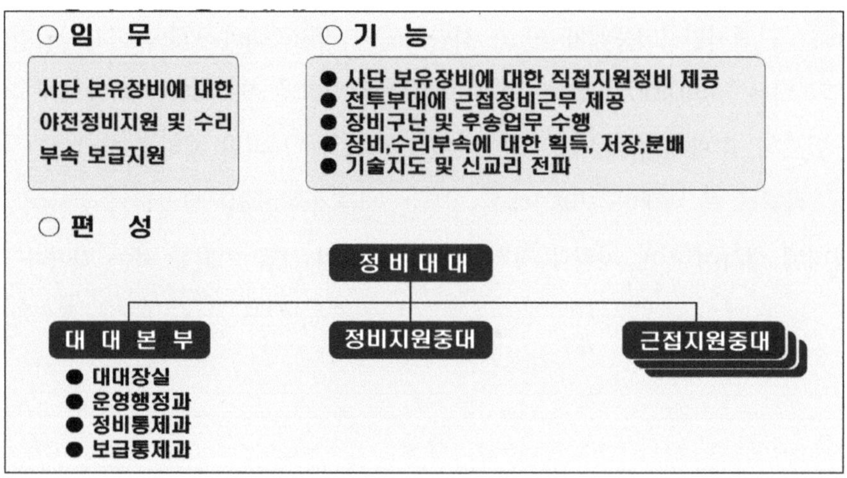

가. 대대본부

1) 대대본부는 대대장실, 운영행정과, 정비통제과, 보급통제과로 편성된다. 임무는 예속된 정비지원중대와 근접지원중대를 지휘 및 통제하고, 참모활동을 통해 이를 감독하는 것이며, 기능은 정비와 장비 및 수리부속의 보급을 위한 지원계획 수립과 지시 및 감독, 행정근무 및 전투근무지원이다.

2) 대대장실은 대대의 지휘소로서 대대 및 예하중대 운영에 대한 전반적인 지휘 및 통제업무를 수행하며, 운영행정과는 대대의 인사, 정보, 작전, 군수, 교육훈련, 경리에 관한 참모업무를 수행한다.

3) 정비통제과는 사단 보유 장비에 대한 정비지원을 위해 정비 업무를 계획, 조정, 지시, 통제, 감독을 실시한다. 또한 정비업무와 관련된 정보수집, 현황파악, 자료 및 통계의 유지, 보고를 실시하며, 사단 예하부대에 대한 정비업무 지도방문을 계획하고 시행한다.

4) 보급통제과는 사단 예하부대에 대한 장비 및 수리부속(7·9종)과 정비공구의 보급 지원을 위해 보급업무를 계획, 조정, 지시, 통제, 감독을 실시한다. 또한 보급업무와 관련된 정보수집, 현황파악, 자료 및 통계의 유지, 보고, 사단 예하부대에 대한 보급업무 지도방문을 계획하고 시행한다.

나. 정비지원중대

정비지원중대는 중대본부, 지원소대, 기동장비정비소대, 총포정비소대, 일반장비정비소대, 통신장비정비소대와 전시 창설되는 민수차량정비소대로 편성된다. 임무는 사단 직할부대 및 포병연대 보유 장비에 대한 직접지원 정비와 근접지원 중대에 대한 보강정비지원을 수행하는 것이며, 기능은 화력, 기동, 통신, 일반장비에 대한 3계단 및 제한된 4계단 정비지원, 기술지원, 신교리 전파, 장비 구난 및 수집, 장비 및 수리부속 보급품 청구 및 수령, 저장, 분배이다.

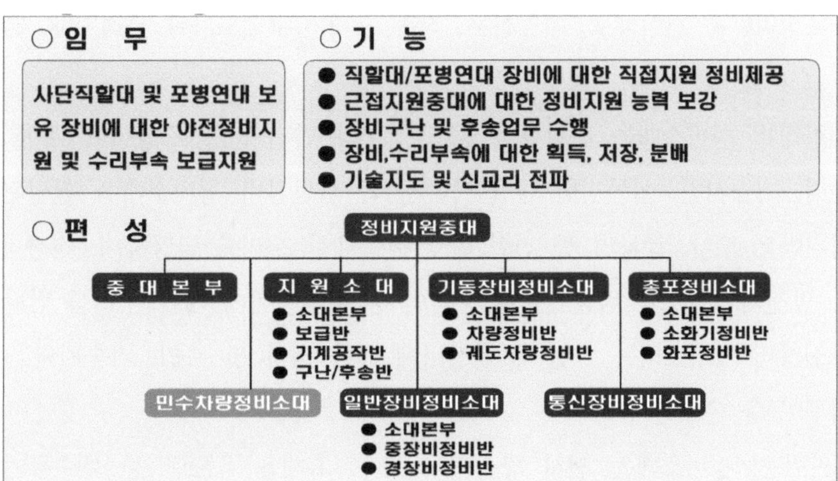

1) 중대본부는 중대운영에 관한 제반 행정처리, 인사근무, 경계, 교육훈련, 부대보급, 숙영시설 및 부대내부 관리, 급양에 관한 업무를 수행하며, 지원소대는 공장 보급반 운용, 공장 또는 각 소대에서 필요로 하는 다양한 부품의 제작, 구난 및 수집업무 등을 수행한다.
2) 지원소대는 공장 보급반, 기계공작반, 구난 및 후송반으로 편성되어 있는데, 공장 보급반은 각 정비소대에서 필요로 하는 수리부속의 청구, 수령, 불출, 반납 업무를 담당한다. 기계공작반은 각종 부품의 제작, 복구성품목의 재생, 철물용접 및 판금 등의 작업을 담당하고, 구난 및 후송반은 피지원부대 구난업무를 지원하거나 사용불가 장비 및 수리부속품들을 수집, 처리, 후송업무를 담당한다.
3) 기동장비 정비소대는 각종 차륜차량과 궤도차량에 대한 검사 및 수리, 기술지원, 이동정비 등의 업무를 수행한다. 기동장비 정비소대에 편성된 차량 정비반은 각종 차륜차량의 동력발생 및 전달장치, 차체, 기타 구성품과 결합체에 대한 수리를 담당하며, 궤도차량 정비반은 전차, 장갑차, 자주포 등 각종 궤도차량의 차체, 포탑 및 사통장치에 대한 수리를 담당한다.
4) 총포장비 정비소대는 각종 소·중화기, 화포, 사격통제기재에 대한 검사 및 수리, 기술지원, 이동정비 등을 수행한다. 총포장비 정비소대에 편성된 소화기정비반은 소총, 기관총, 박격포, 무반동총 등 개인 및 공용화기에 대한 수리를 담당하며, 화포정비반은 견인화포, 대공화포, 각종 사격기재(궤도차량 사격기재 제외)에 대한 수리를 담당한다.
5) 일반장비 정비소대는 건설장비 등 중장비와 발전기 등 경장비에 대한 검사 및 수리, 기술지원, 이동정비 등을 수행한다. 일반장비 정비소대에 편성된 중장비 정비반은 도자, 굴삭기 등 건설 중장비에 대한 수리를 담당하며, 경장비 정비반은 발전기 등 소형 원동기류와 방독면 등 화학장비에 대한 수리를 담당한다.
6) 통신장비 정비소대는 유선, 무선장비에 대한 검사 및 수리, 기술지원, 이동정비 업무 등을 수행한다.
7) 특수무기 정비소대는 전시 창설되어 토우, 휴대용 유도탄 등 특수무기에 대한 검사 및 수리, 기술지원, 이동정비업무 등을 수행한다.

8) 전시에는 민수차량 정비소대가 창설되어 사단에 동원되는 민수 상용차량에 대한 검사 및 수리, 기술지원, 이동정비 등을 수행한다.

다. 근접지원중대

근접지원중대는 중대본부, 지원소대, 정비소대로 편성되어 있으며, 임무는 보병연대 보유장비에 대한 직접지원정비를 수행한다. 기능은 전 화력, 기동, 통신장비에 대한 3계단 및 제한된 4계단 정비지원, 현장정비지원 및 기술지원, 신교리 전파, 장비 구난, 장비 및 수리부속 보급품 청구 및 수령, 저장, 분배이다.

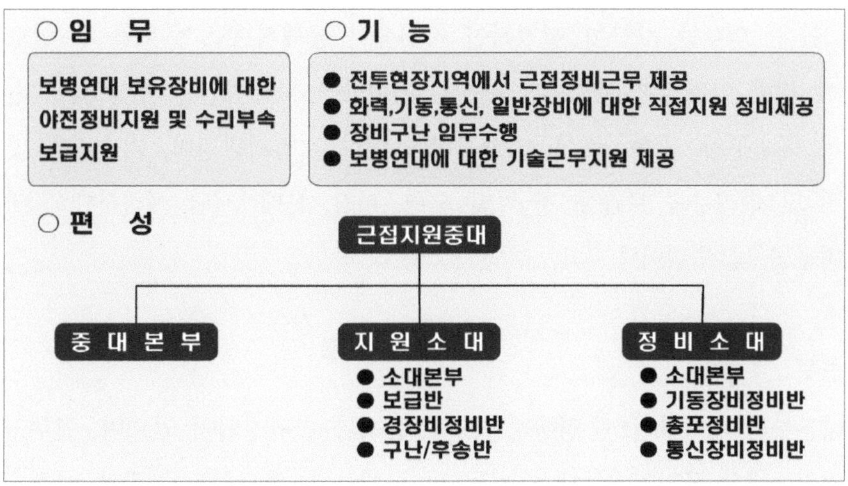

1) 중대본부는 중대운영에 관한 제반 행정처리, 인사근무, 경계, 교육훈련, 부대보급, 숙영시설 및 부대내부 관리, 급양에 관한 업무를 수행한다.
2) 지원소대는 공장보급반 운영, 화학 및 일반장비 정비지원, 구난 및 수집업무 등을 수행한다. 지원소대에 편성된 보급반은 각 공장 또는 소대에서 필요로 하는 수리부속의 청구 및 수령, 저장, 불출 등의 보급업무를 담당하며, 경장비 정비반은 각종 화생방장비 및 소형일반장비 위주의 정비지원 임무를 담당한다. 구난 및 후송반은 피지원부대 구난업무를 지원하거나 사용불가장비 및 수리부속의 수집 · 분류 · 후송업무를 담당한다.

3) 정비소대는 작전지역에서 발생된 고장장비의 현장정비 업무를 수행한다. 정비소대에 편성된 차량 정비반은 작전지역에서 발생된 불가동 일반 및 궤도차량에 대한 현장복구, 이송업무를 담당하며, 총포 및 자주포장비 정비반은 작전지역에서 발생된 불가동 총포장비 및 자주포에 대한 정비지원업무를 담당하고, 통신장비정비반은 작전지역에서 발생된 불가동 유·무선장비의 정비지원업무를 담당한다.

3 기계화보병사단 정비대대

기계화 보병사단 정비대대는 대대본부, 일반지원중대 그리고 3개의 근접지원중대로 편성되어 있다. 임무는 사단이 결정적인 작전에서 공세적으로 운용될 수 있도록 사단 보유장비에 대한 야전정비지원과 7·9종 및 정비공구 보급지원을 수행하는 것이다. 기능은 화력, 특수무기, 기동, 통신, 일반장비에 대한 직접지원정비, 기술지원 및 신교리 전파, 장비 및 수리부속 보급품 청구 및 수령, 저장, 분배, 사단 예하부대에 대한 근접정비, 장비구난 및 수집이다.

가. 대대본부

대대본부는 대대장실, 운영행정과, 지원통제과로 편성되어 있으며, 임무는 예속된 일반지원중대와 근접지원중대를 지휘 및 통제하고, 참모활동을 통해 이를 감독하는 것이다. 기능은 정비 및 장비 및 수리부속 보급을 위한 지원계획 수립과 지시 및 감독과 대대에 필요한 행정근무 및 전투근무지원이다.

1) 대대장실은 대대의 지휘소로서 대대 및 예하중대 운영에 대한 전반적인 지휘 및 통제업무를 수행한다.
2) 운영행정과는 대대의 인사, 정보, 작전, 군수, 교육훈련, 경리에 관한 참모업무를 수행한다.
3) 지원통제과는 사단 보유 장비에 대한 정비와 7·9종 보급지원에 대한 계획 수립, 조정, 지시, 통제, 감독을 실시한다. 또한 정비업무와 관련된 정보수집, 현황파악, 자료 및 통계의 유지, 보고를 실시하며, 장비 및 수리부속 보급품의 청구 및

수령, 저장, 분배, 처리와 사단 예하부대에 대한 지도방문을 수행한다.

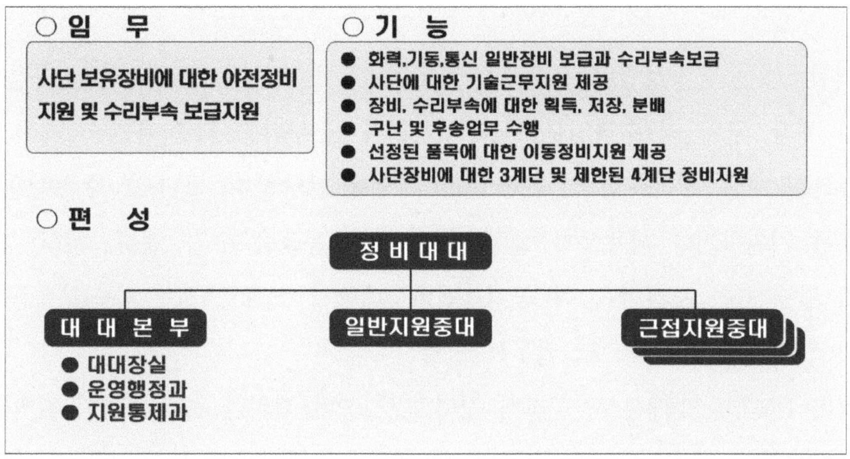

나. 일반지원중대

일반지원중대는 중대본부, 지원소대, 정비1소대, 정비2소대로 편성된다. 임무는 사단 직할부대 및 포병연대 보유 장비에 대한 직접지원 정비와 근접지원 중대에 대한 보강정비지원을 수행하는 것이다. 기능은 화력, 기동, 통신, 일반장비에 대한 3계단 및 제한된 4계단 정비지원, 기술지원, 신교리 전파, 장비 구난 및 후송, 장비 및 수리부속 보급품 청구 및 수령, 저장, 분배이다.

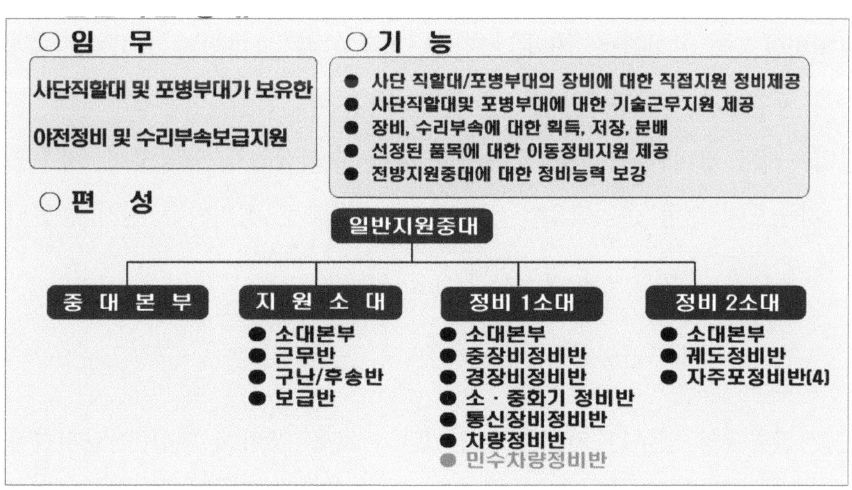

1) 중대본부는 중대운영에 관한 제반 행정처리, 인사근무, 경계, 교육훈련, 부대보급, 교환 및 유선가설, 숙영시설 및 부대내부 관리, 급양에 관한 업무를 수행한다.

2) 지원소대는 공장보급반 운용, 공장 또는 각 소대에서 필요로 하는 다양한 부품의 제작, 구난 및 수집업무 등을 수행한다. 근무반은 각종 부품의 제작, 복구성품목의 재생, 철물용접 및 판금 등의 작업을 담당하며, 구난 및 후송반은 구난업무를 지원하거나 사용불가 장비 및 수리부속품들을 수집, 분류, 처리, 후송업무를 담당한다. 보급반은 각 공장, 정비소대에서 필요로 하는 수리부속품에 대한 청구, 수령, 불출 등 보급업무를 담당한다.

3) 정비 1소대는 소대본부, 중장비 정비반, 경장비 정비반, 소 · 중화기 정비반, 통신장비정비반, 차량정비반, 발칸정비반으로 편성 되어있으며, 중 · 경장비, 소 · 중화기, 통신장비, 일반차량, 발칸에 대한 검사 및 수리, 피지원부대 기술지원, 이동정비 업무 등을 수행한다. 중장비 정비반은 도져, 굴삭기 등 각종 건설중기에 대한 수리를 담당하며, 경장비 정비반은 발전기 등 소형 원동기종류와 방독면 등 화학장비에 대한 수리를 담당한다. 소 · 중화기 정비반은 소총, 기관총, 박격포 등 소 · 중화기에 대한 수리를 담당한다. 통신장비 정비반은 유 · 무선 통신장비에 대한 수리를 담당하며, 차량 정비반은 차륜차량 및 트레라에 대한 수리를 담당한다.

4) 정비 2소대는 소대본부, 궤도차량정비반, 자주포정비반과 전시 창설되는 민수차량정비반으로 편성되며, 전차, 장갑차, 자주포 등 궤도차량의 차체와 화포 및 포탑과 동원된 민수차량에 대한 검사 및 수리, 기술지원, 이동정비 업무 등을 수행한다. 궤도 정비반은 전차, 장갑차에 대한 수리작업을 담당하며, 자주포 정비반은 자주포에 대한 수리작업을 담당하고, 민수차량 정비반은 전시 동원되는 민수차량에 대한 수리작업을 담당한다.

라. 근접지원중대

근접지원중대의 임무는 기계화 보병여단의 보유 장비에 대한 직접지원정비를 수행하는 것이며, 기능은 화력, 기동, 통신장비에 대한 3계단 및 제한된 4계단 정비지원, 기술지원 및 신교리 전파, 장비 및 수리부속 보급품 청구 및 수령, 저장, 분배이다.

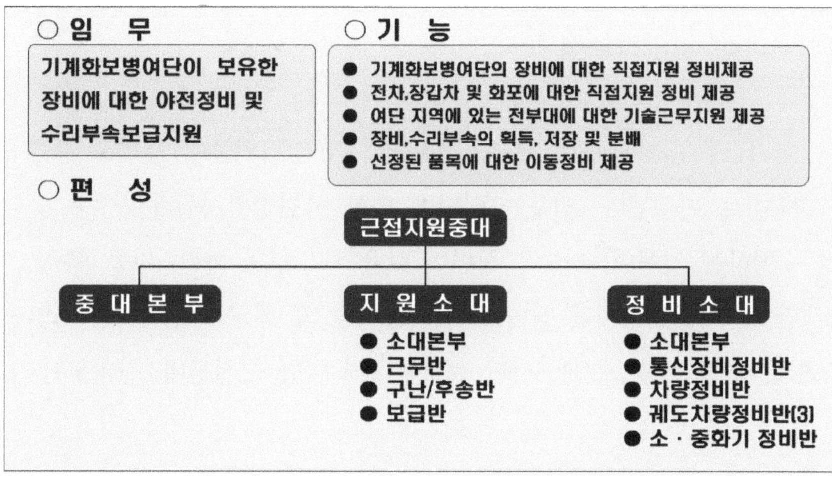

1) 중대본부는 중대운영에 관한 제반 행정처리, 인사근무, 경계, 교육훈련, 부대보급, 교환 및 유선가설, 숙영시설 및 부대내부 관리, 급양에 관한 업무를 수행한다.
2) 지원소대는 근무반, 구난 및 후송반, 보급반으로 편성된다. 근무반은 부품의 제작, 철물용접 및 판금 등을 담당하고, 구난 및 후송반은 구난업무를 지원하거나 사용불가 장비 및 수리부속품의 수집, 분류, 후송업무를 담당한다. 보급반은 각 공장 또는 소대에서 필요로 하는 수리부속의 청구 및 수령, 저장, 불출 등의 보급업무를 담당한다.
3) 정비소대는 통신정비반, 차량정비반, 궤도차량정비반, 소·중화기정비반으로 편성되어 작전지역에서 발생된 유·무선 통신장비, 차륜차량, 궤도차량, 소·중화기에 대한 현장정비 및 이송업무를 수행한다. 통신장비정비반은 현장에서 발생된 사용불가 유·무선 통신장비의 현장복구업무를 담당하고, 차량 정비반은 현장에서 발생된 불가동 차륜차량에 대한 현장복구, 이송업무를 담당한다. 궤도차

량 정비반 현장에서 발생된 불가동 궤도차량에 대한 현장복구, 이송업무를 담당하며, 소 · 중화기 정비반은 현장에서 발생된 사용불가 소 · 중화기에 대한 현장 복구업무를 담당한다.

4 향토사단의 정비근무대

향토사단 정비근무대는 근무대 본부, 정비중대, 근접지원중대 그리고 수송중대(평시 운용, 전시 해체)로 편성된다. 임무는 사단에 대한 야전정비지원과 7·9종 및 정비공구 보급지원을 수행하는 것이며, 기능은 사단이 보유하고 있는 화력, 기동, 통신, 일반장비에 대한 3계단 및 제한된 4계단 정비지원, 기술지원 및 신교리 전파, 장비 및 수리부속 보급품 청구 및 수령, 저장, 분배, 사단 예하부대에 대한 근접정비, 장비구난 및 수집이다.

가. 근무대 본부

근무대 본부는 예속된 정비중대 및 근접지원중대를 지휘, 통제하고 참모활동을 통해 이들의 업무를 감독한다.

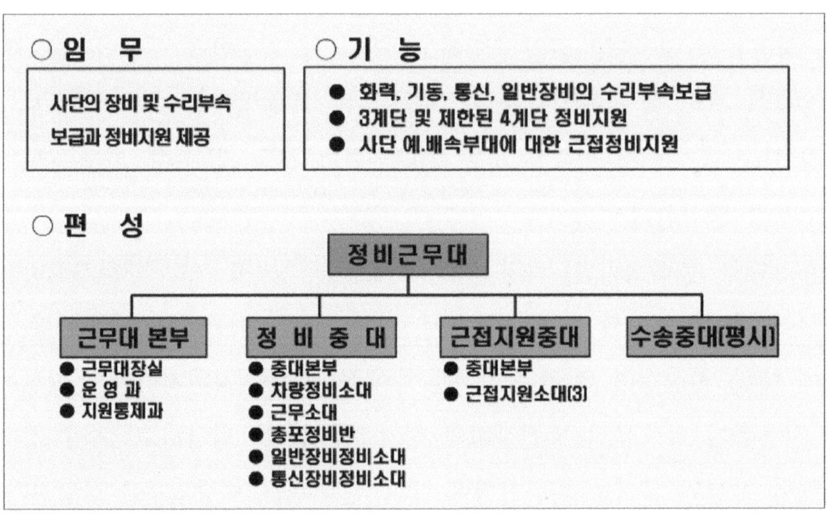

1) 근무대장실은 근무대의 지휘소로서 대대 및 예하중대 운영에 대한 전반적인 지휘 및 통제업무를 수행한다.

2) 운영과는 인사, 정보, 작전, 군수, 교육훈련, 경리에 관한 업무를 수행한다.

3) 지원통제과는 정비와 7·9종 보급지원에 대한 계획 수립, 조정, 지시, 통제, 감독을 실시하며, 관련 정보수집, 현황파악, 자료 및 통계의 유지, 보고를 수행한다. 그리고 장비 및 수리부속 보급품의 청구 및 수령, 저장, 분배와 사단 예하부대에 대한 지도방문을 수행한다.

나. 정비중대

정비중대는 중대본부, 차량정비소대, 근무소대, 총포정비반, 일반장비정비소대, 통신정비소대로 편성되어 있다. 정비중대의 임무는 사단 직할대의 보유 장비에 대한 직접지원 정비와 근접지원중대에 대한 보강정비 지원을 수행하는 것이다.

1) 중대본부는 중대운영에 관한 제반 행정업무를 수행한다.

2) 차량정비소대는 차륜차량 및 트레라에 대한 수리를 수행한다.

3) 근무소대는 공장 및 소대에서 필요로하는 다양한 부품의 제작, 복구성 품목의 재생, 철물용접 및 판금 등의 업무를 수행한다.

4) 총포정비반은 소 · 중화기 및 화포에 대한 수리를 수행한다.

5) 일반장비 정비소대는 건설 · 발전 장비, 화생방장비 등에 대한 수리를 수행한다.

6) 통신장비 정비소대 유 · 무선 통신장비에 대한 수리를 수행한다.

다. 근접지원중대

근접지원중대는 중대본부와 3개의 근접지원소대로 편성되어 있으며, 임무는 연대 보유 장비에 대한 직접지원 정비를 수행한다.

라. 수송중대

수송중대는 중대본부, 정비반, 수송소대로 편성되어 정비근무대의 일부로서 운용되다가 전시에는 해체된다. 수리부속과 정비장비 및 공구 등을 확보하여 통합수송부 운용차량에 대한 부대정비를 실시한다.

5 기갑여단의 정비근무대

기갑여단의 정비근무대는 근무대 본부, 일반지원중대 그리고 근접지원중대로 편성된다. 임무는 전차 및 기계화 보병의 전투능력이 최대한 발휘되어 공세적 기동전투를 수행할 수 있도록 여단에 대한 야전정비지원과 장비 및 수리부속 보급지원을 수행하는 것이다. 기능은 여단이 보유하고 있는 화력, 기동, 통신, 일반장비에 대한 직접지원정비, 기술지원 및 신교리 전파, 장비 및 수리부속 보급품 청구 및 수령, 저장, 분배, 여단 예하부대에 대한 근접정비, 장비구난 및 후송이다.

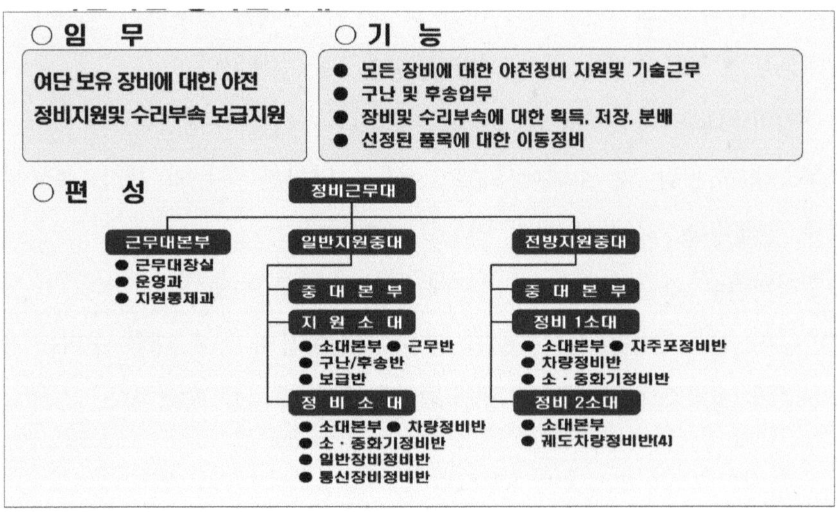

가. 근무대 본부

예속된 일반지원중대 및 근접지원중대를 지휘, 통제하고 참모활동을 통해 이들의 업무를 감독하며, 근무대장실, 운영과, 지원통제과로 편성되어 있다. 근무대장실은 근무대의 지휘소로서 근무대 및 예하중대의 운영에 대한 전반적인 지휘와 통제업무를 수행한다. 운영과는 인사, 정보, 작전, 군수, 교육훈련, 경리에 관한 참모업무를 수행하고, 지원통제과는 정비와 7·9종 및 정비공구 보급지원에 대한 계획 수립, 조정, 지시, 통제, 감독을 실시하며, 관련 정보수집, 현황파악, 자료 및 통계의 유지, 보고를 수행한다. 그리고 장비 및 수리부속 보급품의 청구 및 수령, 저장, 분배, 처리와 사단 예하부대에 대한 지도방문을 수행한다.

나. 일반지원중대

일반지원중대는 중대본부, 지원소대, 정비1소대, 정비2소대로 편성되어 있으며, 여단 직할대의 보유 장비에 대한 직접지원 정비와 근접지원중대에 대한 보강지원 임무를 수행한다.

1) 중대본부는 중대운영에 관한 제반 행정처리, 인사근무, 경계, 교육훈련, 부대보급, 교환 및 유선가설, 숙영시설 및 부대내부 관리, 급양에 관한 업무를 수행한다.

2) 지원소대는 공장보급반 운용, 공장 또는 각 소대에서 필요로 하는 다양한 부품의 제작, 구난 및 수집업무 등을 수행한다. 근무반은 각종 부품의 제작, 복구성 품목의 재생, 철물용접 및 판금 등의 작업을 담당하며, 구난 및 후송반은 구난업무를 지원하거나 사용불가 장비 및 수리부속품들을 수집, 분류, 처리, 후송업무를 담당한다. 보급반은 여단에서 필요로 하는 장비 및 수리부속 보급품에 대한 청구, 수령, 불출 등 보급업무를 담당한다.

3) 정비소대는 차량, 소·중화기, 일반장비, 통신장비에 대한 검사 및 수리, 피지원부대에 대한 기술지원, 이동정비 업무 등을 수행한다. 차량정비반은 각종 차륜차량 및 트레라에 대한 수리를 담당하고, 소·중화기 정비반은 소총, 기관총, 박격포 등 소·중화기에 대한 수리를 담당한다. 일반장비 정비반은 건설·발전 장비, 화생방장비에 대한 수리를 담당하며, 통신장비 정비반은 전화기, 무전기 등 유·무선 통신장비에 대한 수리를 담당한다.

다. 근접지원중대

중대본부와 정비1소대, 정비2소대로 편성되어 작전지역에 발생되는 불가동 장비에 대한 직접지원정비 임무를 수행한다.

1) 중대본부는 중대운영에 관한 제반 행정처리, 부대보급 관리, 급양에 관한 업무를 수행한다.

2) 정비 1소대는 소대본부, 자주포정비반, 차량정비반, 소·중화기 정비반으로 편성된다. 지역내 자주포, 차량, 소·중화기의 불가동 장비에 대한 직접지원 정비 임무를 수행한다. 자주포 정비반은 자주포에 대한 구난 및 현장복구업무를 담당하며, 차량 정비반은 차륜차량에 대한 구난 및 현장복구업무를 담당한다. 소·중화기 정비반은 소총, 기관총, 박격포 등 소·중화기에 대한 현장복구업무를 담당한다.

3) 정비 2소대는 소대본부와 4개의 궤도차량정비반으로 편성, 작전지역에서 발생되는 불가동 궤도차량에 대한 직접지원정비 임무를 수행한다. 궤도차량 정비반은 전차, 장갑차 등 궤도차량에 대한 현장복구업무를 담당한다.

Section 02. 군수지원사령부의 정비부대

군수지원사령부 정비부대는 군수지원사령부 예하부대로 편성되어 있으며, 1·3군 지역의 직접지원 정비대대는 지역 내 비사단급 부대를 직접지원하고, 일반지원 정비대대는 지역 내 사단 및 직접지원 정비대대를 일반지원 한다. 제2작전사령부 지역의 각 정비근무대는 지역 내 사단 및 비사단급 부대에 대해 직접지원 및 일반지원 정비를 실시한다.

직접지원 정비대대와 일반지원 정비대대는 군단별로 통상 각 1개 부대씩 운용되며, 군단을 직접 지원하는 정비대대 및 예속된 각 중대는 군단 지역내 비사단급 부대에 대한 직접정비 지원 임무를 수행하며, 일반지원 정비대대는 군단 지역내 전 부대에 대한 일반지원 임무를 수행한다.

정비대대 예하의 각 중대들은 고유한 기능에 따라 화력 · 기동 · 통신전자 · 일반 장비 및 특수무기에 대한 정비업무와 구난 및 후송 업무를 담당하거나, 장비 및 수리부속의 보급과 정비공구 보급업무 등을 담당한다. 지역내 항공기 · 선박 · 의무 장비에 대한 정비지원과 장비 및 수리부속의 보급과 정비용 공구 보급지원은 직접지원 정비대대와 일반지원 정비대대가 아닌 별도의 지원부대가 담당하며, 이들 부대는 해당 장비의 지원계통에 따라 지원업무를 수행한다. 직접지원 정비대대와 일반지원 정비대대는 군수지원사령부에 예속되어 있으며, 필요에 따라 군단에 배속 운용할 수 있다.

1 직접지원 정비대대

가. 편성 및 기능

1) 편성

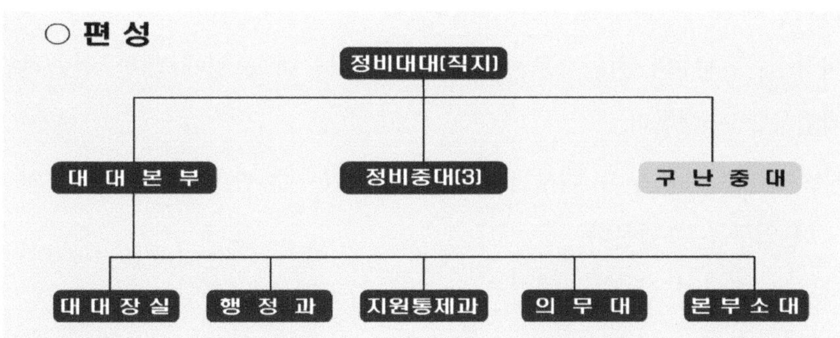

2) 기능

가) 직접지원 정비대대는 대대본부, 정비중대로 구성되어 있으며, 정비중대는 지역 내의 지원소요에 따라 중대의 유형과 부대수가 결정된다.

나) 직접지원 정비대대는 기갑여단을 제외한 담당지역의 비사단급 부대에 대해 직접지원 정비 임무를 수행하며, 그 기능은 다음과 같다.

(1) 화력 · 기동 · 일반 장비에 대한 3계단 및 제한된 4계단 정비

(2) 화력 · 기동 · 일반 장비 및 수리부속, 정비공구의 수령, 저장, 불출

(3) 전투부대에 대한 근접정비지원

(4) 전 · 평시 장비구난지원 및 사용불가 장비 및 수리부속 보급품의 수집, 분류, 후송, 처리, 반납

(5) 명령에 따라 사단 및 여단 정비부대에 대한 보강정비 지원

(6) 기술지도 및 신교리 전파

나. 대대본부 및 본부소대

1) 대대본부의 임무는 예속된 정비중대와 전시에 창설되는 구난중대를 지휘 및 통제하고 참모활동을 통해 이를 감독하며, 지역부대에 대한 직접지원 정비를 제공한다. 이를 위해 대대본부의 기능은 2~3개의 정비중대를 지휘 및 통제하고, 정비 및 구난지원을 위한 정비계획의 수립과 시행, 감독 및 행정지원, 지역내 사단 및 여단 정비부대에 대한 보강정비 지원 등이다.

2) 능력은 1개 군단에 대한 직접지원 정비 및 구난지원을 위해 2~3개의 정비중대에 대한 지휘 및 통제 능력을 보유한다.

3) 대대장실은 대대의 지휘소로서 대대 및 예하중대 운영에 대한 전반적인 지휘와 통제업무를 수행한다.

4) 본부소대는 대대본부의 내부관리 및 경계, 취사에 관한 업무와 대대의 유선가설 및 교환업무를 수행한다.

5) 인사과는 대대의 인사, 경리업무에 관한 참모업무를 수행한다.

6) 정작과는 대대의 정보작전, 교육훈련에 관한 참모업무를 수행한다.

7) 군수과는 대대의 편성군수에 관한 참모업무를 수행한다.

8) 지원통제과는 대대의 정비지원에 관한 핵심 참모부서로서 정비업무 제반에 대한 계획수립, 조정 및 지시, 통제, 감독을 실시한다. 또한 수리부속 및 정비용 공구 보급에 대한 계획수립, 조정 및 지시, 통제, 감독을 실시하며, 피지원부대 기술지도 및 지도방문 계획수립, 각종 장비의 기술검사, 정비지원에 관련되는 각종 현황, 자료, 통계의 유지 등을 수행한다.

9) 의무실은 대대요원에 대한 진료 및 각종 위생근무를 수행한다.

다. A형 정비중대

1) A형 정비중대는 자체 야전정비 기능을 갖지 않는 지역내의 비사단급 부대에 대해 각종 화력장비, 기동장비, 일반장비에 대한 직접지원 정비 임무를 수행하며, 이를 위해 다음과 같은 기능을 가진다.

   가) 화포, 사격기재, 궤도차량에 대한 3계단 정비와 소 · 중화기, 차륜차량, 소형 일반장비 및 화생방 장비에 대한 3 · 4계단 정비

   나) 사용부대에 대한 근접 및 이동정비, 기술지도

   다) 기동 불가동 장비의 구난 및 후송

   라) 화력장비, 기동장비, 일반장비 분야에 대한 수리부속 보급지원

   마) 기타 각종 근무지원(공장보급, 기계공작, 철물수리)

2) 편성

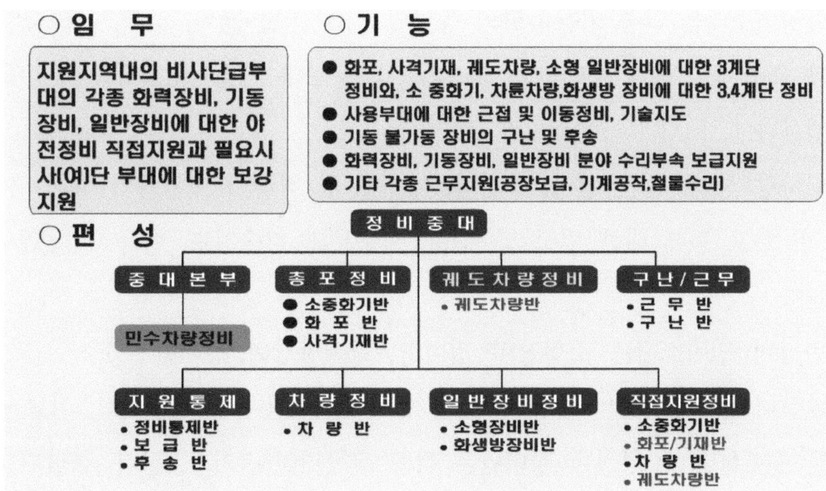

3) 중대본부는 중대운영에 관한 제반 행정처리, 병력관리, 부대내부 관리 및 경계, 교육훈련, 부대 보급, 교환 및 유선가설, 숙영, 취사에 관한 업무를 담당한다.

4) 지원통제소대는 정비통제반, 보급반, 후송반으로 편성되어 있으며, 정비공장운영, 정비지원 소대 및 반 운용에 관한 업무를 전반적으로 통제 및 조정하고 감독한다. 또한 수리부속보급, 기술검사, 작업명령, 공장보급, 반납 및 후송업무를 담당한다. 정비통제반은 정비작업관리, 각종 정비행정서류 작성 및 유지, 정비 의뢰전 장비에 대한 최초 및 최종검사, 사용부대 기술지도 및 지원계획 수립, 공장보

급 업무를 수행한다. 보급지원반은 사용부대 및 정비중대에 소요되는 수리부속품(9종)에 대한 청구, 수령, 불출, 저장중 정비, 재물조사 업무와 정비대충장비 획득 및 불출, 직교반 운영업무, 사용불가 장비 및 수리부속품의 수집, 분류, 후송업무를 수행한다.

5) 총포정비소대는 소 · 중화기 정비반, 화포정비반, 사격통제기재 정비반으로 편성되어 있으며, 각종 소 · 중화기, 화포, 사격기재에 대한 검사 및 수리, 사용부대 기술지도, 이동정비 업무 등을 수행한다. 소 · 중화기 정비반은 소총, 기관총, 박격포, 무반동총 및 기타 개인 및 공용화기에 대한 수리작업을 담당한다. 화포정비반은 자주포의 포탑 및 화포, 견인곡사포, 대공화포에 대한 수리작업을 담당하고, 사격통제기재 정비반은 광학, 전자 및 기계식 각종 사격통제기재에 대한 수리작업을 담당한다.

6) 차량정비소대는 각종 차륜차량의 동력발생 및 전달 장치, 차체, 기타장비의 구성품과 결합체에 대한 수리작업 및 검사, 사용부대 기술지도, 이동정비 업무 등을 수행한다.

7) 궤도차량 정비소대는 전차, 장갑차, 자주포 등 각종 궤도차량의 자체, 전차의 포탑 및 화포 등에 대한 검사 및 수리, 사용부대 기술지도, 이동정비업무 등을 수행한다.

8) 일반장비 정비소대는 소형장비 정비반, 화생방장비 정비반으로 편성되며, 소형 일반장비와 화생방장비에 대한 검사 및 수리, 사용부대 기술지도, 이동정비 업무 등을 수행한다. 소형장비 정비반은 각종 원동기(발전기, 충전기, 공압기, 기타 모타류)에 대한 수리작업을 수행하며, 화생방장비 정비반은 발연기, 제독장비, 방독면, 보호의에 대한 수리작업을 담당한다.

9) 근무소대는 부품제작, 각종 서브품목 재생 및 수리, 배터리 전해액 취급 및 충전, 목공, 천막 등의 수선, 철물용접 및 판금 등의 작업을 담당한다.

10) 구난소대는 책임지역내 기동 및 화력 장비의 구난 및 이송작업을 한다.

11) 직접지원 정비소대는 소중화기 정비반, 화포 및기재정비반, 차량정비반, 궤도차량 정비반으로 편성되어 있으며, 사용부대의 장비운용 현장이나 부대 정비수집

소 또는 야전 정비수집소에서 장비 사용부대에 대한 근접정비지원 업무를 수행한다. 소중화기 정비반은 소총, 기관총, 박격포, 무반동총 및 화학장비에 대한 수리작업을 담당하며, 화포 및 기재 정비반은 자주포의 포탑 및 화포, 견인곡사포, 각종 사격통제기재에 대한 수리작업을 수행하며, 차량 정비반은 차륜차량의 동력발생 및 전달 장치, 차제, 기타장치에 대한 수리작업을 담당하며, 궤도차량 정비반은 전차, 장갑차, 자주포의 동력발생 및 전달 장치, 자체, 기타장치에 대한 수리작업을 수행한다.

12) 민수차량 정비소대는 전시 동원되는 민수차량에 대한 검사 및 수리, 사용부대 기술지도, 이동정비업무 등을 수행한다.

라. B형 정비중대

1) 편성

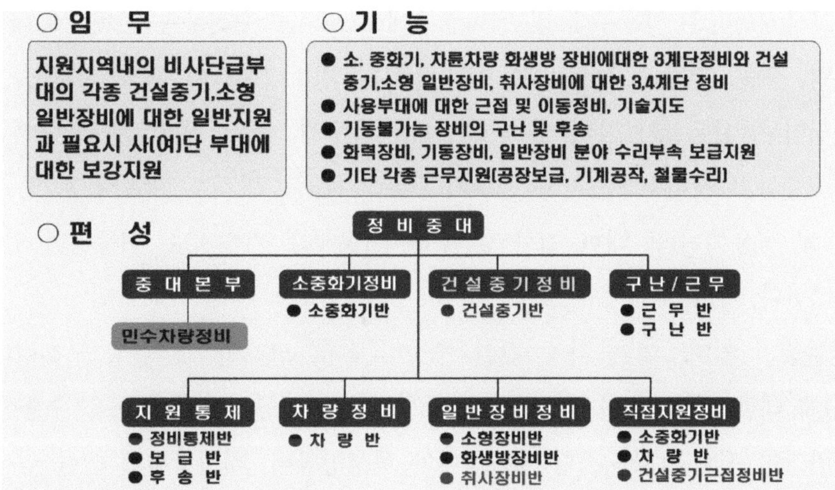

2) B형 정비중대는 자체 야전정비 기능을 갖지 않는 지역내의 비사단급 부대에 대해 각종 화력장비, 기동장비, 일반장비에 대한 직접지원 정비 임무와 건설중기, 소형장비에 대한 일반지원 정비 임무를 수행하며, 이를 위해 다음과 같은 기능을 수행한다.

가) 소 · 중화기, 차륜차량, 화생방 장비, 건설중기, 소형 일반장비 및 취사장비에 대한 3 · 4계단 정비

나) 사용부대에 대한 근접 및 이동정비, 기술지도

다) 기동 불가동 장비의 구난 및 후송

라) 화력장비, 기동장비, 일반장비 분야에 대한 수리부속 보급지원

마) 기타 각종 근무지원(공장보급, 기계공작, 철물수리)

3) 중대본부, 지원통제소대, 차량정비소대, 근무 및 구난소대, 민수차량 정비소대의 기능은 A형 정비중대와 같다.

4) 지원통제소대는 정비통제반, 보급지원반, 후송반으로 편성되어 있으며, 정비공장 운영, 정비지원 소대 및 반 운용에 관한 업무를 전반적으로 통제 및 조정하고 감독한다. 또한 수리부속보급, 기술검사, 작업명령, 공장보급, 반납 및 후송업무를 담당한다. 정비통제반은 정비작업관리, 각종 정비행정서류 작성 및 유지, 정비 의뢰전 장비에 대한 최초 및 최종검사, 사용부대 기술지도 및 지원계획 수립, 공장보급 업무를 수행한다.

보급지원반은 사용부대 및 정비중대에 소요되는 수리부속품(9종)에 대한 청구, 수령, 불출, 저장중 정비, 재물조사 업무와 정비대충장비 획득 및 불출, 직교반 운영업무, 사용불가 장비 및 수리부속품의 수집, 분류, 후송업무를 수행한다.

5) 소 · 중화기 정비소대는 소 · 중화기(소총, 기관총, 박격포, 무반동총 및 기타 개인 및 공용화기)에 대한 검사 및 수리, 사용부대 기술지도, 이동정비 업무 등을 수행한다.

6) 건설중기 정비소대는 각종 건설 중장비(도쟈, 크레인, 굴삭기, 구레이더, 로다 등)에 대한 검사 및 수리, 사용부대 기술지도, 이동정비업무 등을 수행한다.

7) 일반장비 정비소대는 소형 일반장비와 화생방장비, 취사장비에 대한 검사 및 수리, 사용부대 기술지도, 이동정비 업무 등을 수행한다. 소형장비 정비반 및 화생방장비 정비반의 기능은 A형 정비중대와 같다. 취사장비 정비반은 다단식 취사세트 취사 트레라, 버너, 기타 각종 취사장비에 대한 수리작업을 담당한다.

8) 차량 정비소대는 각종 차륜차량의 동력발생 및 전달 장치, 차체, 기타장치의 구성품과 결합체에 대한 수리작업 및 검사, 사용부대 기술지도, 이동정비 업무 등을 수행한다.

9) 근무소대는 각 정비소대에서 필요로 하는 부품제작, 각종 서브품목 재생 및 수리, 배터리 전해액 취급 및 충전, 목공, 천막 등의 수선, 철물용접 및 판금 등 근무지원 업무를 수행한다.

10) 구난소대는 책임지역 내 기동 · 화력 장비의 현장 구난 및 이송작업을 담당한다.

11) 직접지원 정비소대 사용부대 지역 내 장비운용 현장이나 부대 정비수집소 또는 야전 정비수집소에서 장비 사용부대에 대한 근접정비지원 업무를 수행한다. 소중화기 정비반, 차량정비반의 기능은 A형 정비중대와 같다. 중기정비반은 도자, 크레인, 굴삭기, 구레이더, 로다, 기타 건설중장비에 대한 수리작업을 담당한다.

2 일반지원 정비대대

가. 편성 및 기능

1) 편성

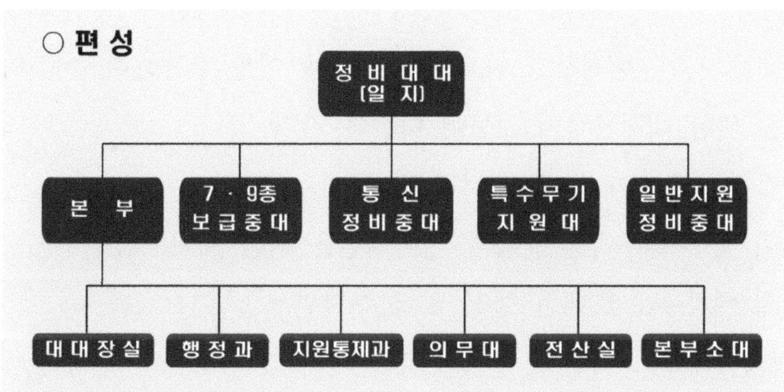

2) 일반지원 정비대대는 대대본부 통신정비중대, 특수무기지지원대 일반지원정비중대, 7 · 9종 보급중대로 구성되어 있으며, 통신정비중대, 특수무기지원대, 일반지원정비중대는 담당하는 지역의 지원요소에 따라 부대유형 및 부대수가 결정된다.

3) 일반지원 정비대대는 담당지역의 사단 및 비사단 부대에 대한 일반 및 직접지원 정비 임무를 병행하여 수행하며, 세부내용은 다음과 같다.

가) 화력장비 : 사단 및 비사단 부대 일반지원 정비

나) 통신전자장비 : 사단 일반지원 및 비사단 부대 직접지원 정비

다) 특수무기 : 사단 및 비사단 부대 직접지원 정비

4) 기능

가) 화력장비에 대한 4계단 정비

나) 통신전자장비, 특수무기에 대한 3 · 4계단 정비

다) 화력, 기동, 통신전자, 일반장비, 특수무기에 대한 장비 및 수리부속, 정비공구 수령, 저장 및 직접지원 정비부대에 불출

라) 피지원부대에 대한 근접정비지원

마) 평시 사용불가한 장비 및 수리부속, 정비공구를 수집, 분류, 후송, 처리, 반납

바) 의명 직접지원 정비부대에 대한 보강정비 지원

사) 기술지도 및 신교리 전파

나. 대대본부 및 소대

1) 대대본부의 임무는 예속된 일반지원중대, 특수무기지원대, 통신정비중대, 7 · 9종 보급중대를 지휘, 통제하고 참모활동을 통해 이를 감독하며, 지원임무를 수행한다. 이를 위한 대대본부의 기능은 다음과 같다.

가) 예속된 4개 중대에 대한 지휘 및 통제, 운영

나) 장비 및 수리부속의 보급과 정비지원을 위한 계획수립, 시행, 감독

다) 대대 예하부대에 대한 행정 및 군수지원

2) 대대장실은 대대의 지휘 및 통제소로서 대대 및 예하중대 운영에 대한 전반적인 지휘와 통제업무를 수행한다.

3) 본부소대 대대본부의 내부관리 및 경계, 취사에 관한 업무와 대대의 유선가설 및 교환업무를 수행한다.

4) 인사과는 대대의 인사, 경리업무에 관한 참모업무를 수행한다.

5) 정작과는 대대의 정보작전, 교육훈련에 관한 참모업무를 수행한다.

6) 군수과는 대대의 편성군수에 관한 참모업무를 수행한다.

7) 지원통제과는 대대 핵심 참모부서로서 다음사항을 수행한다.

가) 정비업무 제반에 대한 계획수립, 조정 및 지시, 통제, 감독 실시

나) 장비 및 수리부속 보급을 위한 계획수립, 조정, 지시, 통제, 감독

다) 피지원부대 기술지도 및 지도방문 계획수립 및 지시

라) 각종 장비의 기술검사

마) 정비지원에 관련되는 각종 현황, 자료, 통계 등의 유지

8) 전산실은 대대의 정비지원 업무에 관한 각종 자료의 입 · 출력, 통계, 분석 등을 실시하여 지휘관 및 관련참모에게 제공하고, 기타 참모부서의 행정업무에 대하여 전산분야를 지원한다.

9) 의무대는 대대요원에 대한 진료 및 각종 위생근무를 수행한다.

다. 7 · 9종 보급중대

1) 장비 및 수리부속 보급중대의 임무는 지원지역 내 부대에 대한 화력 · 기동 · 일반 장비 및 수리 부속품의 보급지원이다.

2) 편성

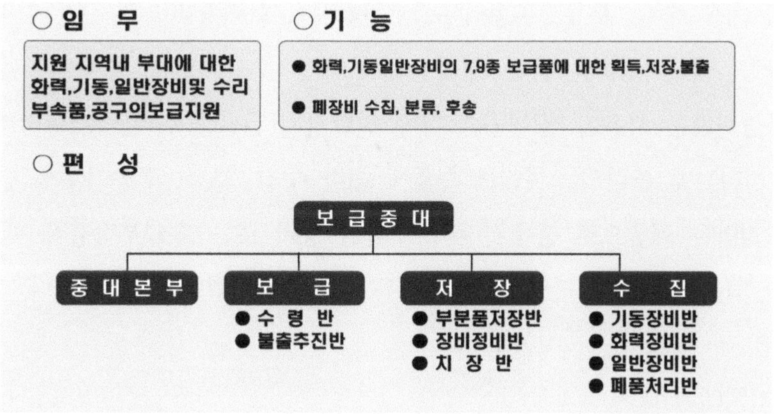

3) 중대본부는 중대운영에 관한 제반 행정처리, 병력관리, 부대 내부관리 및 경계, 교육훈련, 부대보급, 교환 및 유선가설, 숙영, 취사에 관한 업무와 편제차량과 물자취급 장비에 대한 운영 및 정비 등의 업무를 수행한다.

4) 보급소대는 수령반, 불출 및 추진반으로 구분하여 장비 및 수리부속 보급품의

수령과 검수, 저장소대에 인계, 그리고 불출 지시된 보급품을 저장소대에서 인수하여 피지원부대에 불출하는 업무를 수행한다. 수령반은 적송된 보급품의 분류, 검사, 창고인계, 관련증빙서류 처리 등의 업무를 담당하며, 불출 및 추진반은 불출 지시가 된 보급품의 인수, 분류, 포장 및 표식, 불출, 초과품과 잉여품의 후송, 관련 증빙서류처리 등의 업무와 필요시 추진보급 업무를 담당한다.

5) 저장소대는 부분품 저장반, 장비 저장반, 치장반으로 구분하여 장비 및 수리부속 보급품의 저장, 관리, 재물조사 등의 업무를 수행한다. 부분품 저장반은 보급소대 수령반에서 인계하는 수리부속품의 인수 및 저장, 저장품목의 상태검사 및 저장중 정비, 불출지시된 품목의 색출과 보급소대 불출 및 추진반에 인계하는 업무를 담당한다. 장비 정비반은 보급소대 수령반에서 인계하는 완성장비를 인수하여 저장하고, 불출이 지시된 장비를 보급소대에 불출하고 추진반에 인계하는 업무를 담당한다.

6) 수집소대는 기동장비반, 화력장비반, 일반장비반으로 편성되어 각각 해당 분야의 사용 불가능한 완성장비와 수리부속품을 수집, 분류, 저장, 후송, 처리하는 업무를 수행한다. 기동장비반은 사용이 불가능한 차륜차량, 궤도차량 및 관련 수리부속에 대한 수집, 분류, 후송업무를 담당하며, 화력장비반은 사용이 불가능한 차륜차량, 궤도차량 및 관련 수리부속에 대한 수집, 분류, 후송업무를 담당한다. 일반장비반은 사용이 불가능한 각종 일반장비(건설중기, 공병소형장비, 화생방장비, 기타) 및 관련되는 수리부속품에 대한 수집, 분류, 후송업무를 담당한다. 폐품처리반은 폐품으로 불용결정이 승인된 장비 또는 수리부속품에 대한 야전 폐처리 업무(비군사화 작업, 동류전용을 위한 부품 취발)를 담당한다.

라. 통신정비중대

1) 지역내 피지원부대에 대한 통신장비 및 수리부속의 보급과 장비에 대한 야전정비를 제공하며, 이를 위해 다음 기능을 가진다.

   가) 통신장비와 수리부속의 획득, 저장, 분배 및 3 · 4계단 정비지원

   나) 통신장비 보유 부대에 대한 이동정비 및 기술지도

다) 레이더류 장비에 대한 4계단 정비

2) 편성

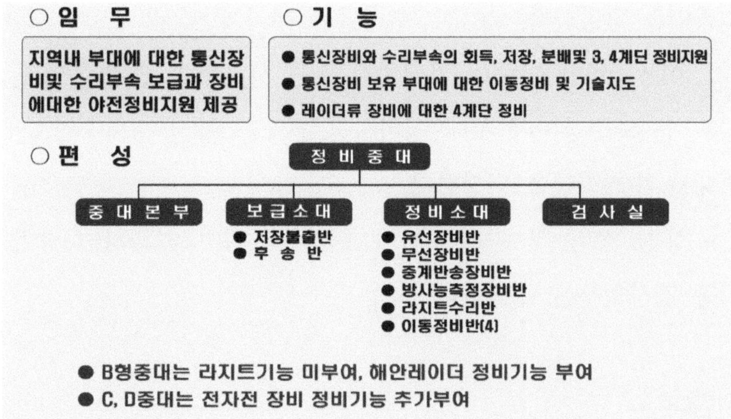

3) 중대본부는 중대운영에 관한 제반 행정처리, 병력관리, 부대 내부관리 및 경계, 교육훈련, 부대보급, 교환 및 유선가설, 숙영, 취사에 관한 업무와 편제차량과 물자취급 장비에 대한 운영 및 정비 등의 업무를 수행한다.

4) 보급소대는 본부, 저장불출반, 후송반으로 편성하여 통신 장비 및 수리부속 보급품의 수입, 저장, 불출업무와 사용 불가능한 보급품의 수집 및 후송에 관한 업무를 수행한다. 소대본부는 통신보급품의 청구 및 불출에 따르는 보급행정서류, 보급현황 등을 작성 및 유지하는 업무를 담당하며, 저장불출반은 중대에 수입되는 통신 장비 및 수리부속 보급품에 대한 수집, 분류, 저장, 후송업무를 담당한다.

5) 정비소대는 본부, 유선장비정비반, 무선장비정비반, 스파이더장비 정비반, 전자전 정비반, 레이더 · 열상장비 수리반, BTCS[4]장비 정비반, 청음장비 정비반, 이동정비반으로 구분하여 통신장비에 대한 정비지원업무를 수행한다. 소대본부는 각 정비반에서 실시하는 정비작업에 대한 계획 및 통제, 각종 정비기록서류 작성 및 유지, 사용부대 기술지도 및 지원계획수립, 공장보급에 관한 업무를 담당한다. 유선장비 정비반은 각종 전화기 및 교환기, 기타 유선통신에 관련되는 장비에 대한 수리작업을 담당하며, 무선장비 정비반은 각종 무전기, 전신타자기, 무선중계기, 기타 무선통신에 관련되는 장비에 대한 수리작업을 담당한다. 중계반

---

4) BTCS : Battalion Tactical Command System(포병대대 전술지휘체계)

송장비 정비반은 각종 중계반송 장비 및 모사전송기, 영사기, 사진기, 환등기, VTR에 대한 수리작업을 담당하며, 전자전장비 정비반은 각종 전자전 장비에 대한 수리작업을 담당한다. 라지트 수리반은 레이더 및 라지트에 대한 수리작업을 담당하며, 이동정비반은 중대 자체계획 또는 사용부대 요청에 따라 사용부대 지역내 장비 운용 현장이나 부대 정비수집소 또는 야전 정비수집소에서 유·무선 장비에 대한 수리작업을 담당한다.

6) 검사실은 통신 장비 및 수리부속 보급품이나 정비 의뢰되는 장비, 후송품목에 대한 각종 검사업무를 수행한다.

마. 특수무기지원대

1) 지원지역내 토우, 발칸, 오리콘, 어네스트죤(H·J), 다련장 로켓포, 자동측지장비, 대박격포레이더, 저탐레이더, 비호, 미스트랄, 천마, 신궁 메티스엠 등에 대한 직접지원 정비와 장비 및 수리부속 보급지원을 제공하며, 이를 위해 다음과 같은 기능을 가진다.
   가) 특수무기에 대한 3·4계단 정비
   나) 특수무기 장비 및 수리부속 보급품의 획득, 저장, 분배
   다) 특수무기 보유부대에 대한 이동정비지원 및 기술지도
   라) 기술자료 수집 및 전파
2) 편성

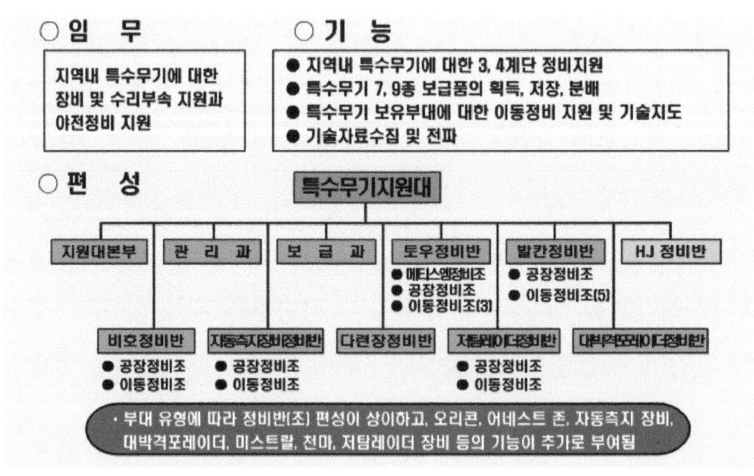

3) 지원대 본부는 지원대 운영에 대한 제반 행정처리, 병력관리, 부대내부관리 및 경계, 교육훈련, 부대보급, 교환 및 유선가설, 숙영, 취사에 관한 업무를 수행한다.

4) 관리과는 지원대의 정비지원에 관한 제반적인 업무를 계획, 통제, 감독하며, 각종 기술검사, 각 정비반의 정비작업 통제 및 행정처리, 발전기 운영 및 수리 등의 업무를 수행한다.

5) 보급과는 특수무기 장비 및 수리부속 보급품의 수입, 저장, 불출 등 시설보급 업무와 정비반에 대한 공장보급 업무를 병행하여 수행하며, 사용 불가능한 보급품의 수집 및 후송에 관한 업무를 수행한다.

6) 토우 정비반은 토우 및 발사관에 대한 정비 업무를 수행하며, 공장 정비조와 이동 정비조로 나누어 각각 공장 내에서의 수리작업과 사용부대 지역에서의 현장수리 작업을 담당한다.

7) 발칸 정비반은 발칸의 화포, 레이더, 기타장치에 대한 정비업무를 수행하며, 공장 정비조와 이동 정비조로 나누어 각각 공장 내에서의 수리작업과 사용부대 지역에서의 현장수리 작업을 담당한다.

8) 오리콘 정비반은 오리콘의 화포, 레이더, 계산기, 발전기, 모의기 등에 대한 정비업무를 수행하며, 공장 정비조와 이동 정비조로 나누어 각각 공장 내에서의 수리작업과 사용부대 지역에서의 현장수리 작업을 담당한다.

9) 어네스트존 정비반은 미사일 발사대와 각종장치와 미사일 취급 장비에 대한 정비 업무를 수행한다.

10) 다련장 로켓포 정비반은 로켓 발사관 및 발사대, 사격통제기재에 대한 정비 업무를 수행한다.

바. 일반지원 정비중대

1) 편성

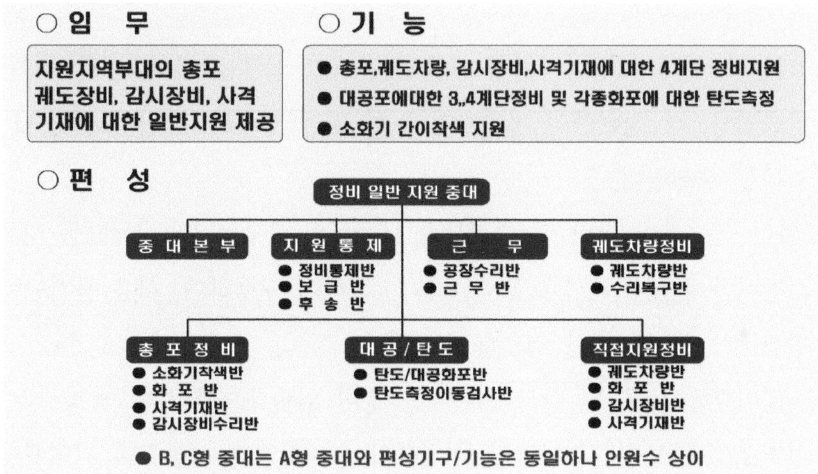

2) 임무는 지원지역내 부대의 총포, 궤도장비, 감시장비, 사격기재에 대한 일반지원 정비를 제공하며, 이를 위해 총포, 궤도차량, 감시장비, 사격기재에 대한 4계단 정비지원과 소화기 간이착색 지원의 기능을 가지고 있다.

3) 중대본부는 중대운영에 관한 행정, 병력관리, 부대 내부관리 및 경계, 교육훈련, 부대보급, 교환 및 유선가설, 숙영, 취사에 관한 업무를 수행한다.

4) 지원통제소대는 정비통제반, 보급반을 통하여 중대의 정비지원에 관한 전반적인 업무를 계획, 통제, 감독하며, 각종 기술검사, 정비작업통제 및 행정처리, 공장보급, 반납, 후송업무를 수행한다. 정비통제반은 사용부대 기술지도 및 지원계획 수립, 정비작업관리, 각종 정비행정 서류의 작성 및 유지, 정비가 의뢰된 장비에 대한 최초 및 최종검사 등의 업무를 담당한다. 보급반은 공장보급용 각종 수리 부속품의 획득, 저장, 불출과 이에 관한 보급 행정업무를 담당하며, 각 정비소대 및 정비반에서 장비를 정비후 반납하는 사용 불가품의 회수 및 반납에 관한 업무를 담당한다.

5) 총포정비소대는 소화기 착색반, 화포정비반, 사격통제기재 정비반, 감시장비 정비반으로 편성되며, 화포, 사격통제기재, 감시장비에 대한 검사 및 수리, 소화기 착색, 피지원부대 기술지도, 이동정비업무를 수행한다. 소화기 착색반은 각종 소

화기(개인 또는 공용화기)에 대한 착색작업을 담당하며, 필요시 제한된 5계단 정비작업을 수행한다. 화포 정비반은 각종 구경의 곡사포 및 직사포의 포신, 포탑, 포가부위에 대한 수리작업을 담당한다. 사격기재 정비반은 광학, 전자 및 기계식 각종 사격기재와 광파거리 측정기, 사격 제원계산기 등의 수리작업을 담당하며, 감시장비 정비반은 야간감사장비에 대한 수리작업을 담당한다.

6) 궤도차량정비소대는 궤도차량 정비반과 수리복구반으로 편성되어 있으며, 전차, 자주포, 장갑차 등에 대한 검사 및 수리, 피지원부대 기술지도, 이동정비업무 등을 수행한다. 궤도차량 정비반은 전차, 자주포, 장갑차의 동력발생 및 전달 장치, 차체, 기타 장치에 대한 수리작업을 담당하며, 수리복구반은 구난중대나 수집계통에서 회수되는 각종 궤도차량의 주요 구성품 및 결합체에 대한 수리작업을 담당한다.

7) 근무소대는 공작 수리반, 근무반으로 편성되어 각 정비소대에서 필요로 하는 부품의 제작, 수리, 판금 및 용접, 기타 근무활동을 통해 지원하는 업무를 수행한다. 공작 수리반은 각종 기계공작장비를 사용하여 부품제작, 서브품목의 재생과 수리, 갬퍼스류의 수선작업을 담당하며, 근무반은 각종 철물에 대한 용접과 판금, 목재류에 대한 수리작업을 담당한다.

8) 대공/탄도소대는 탄도 및 대공화포 정비반, 탄도측정 이동검사반, 대공화포 이동정비반으로 구분되며, 대공포수리와 각종 구경의 화포에 대한 탄도측정업무(포구검사 및 포구속도 측정, 포신수명판단)를 수행한다. 탄도/대공화포 정비반은 각종 구경의 화포에 대한 포구검사 및 초속측정, 포신수명판단 등의 업무와 대공포에 대한 수리작업을 담당하며, 탄도측정 이동검사반은 사용부대를 순회하며 현지에서 실시하는 각종 화포에 대한 탄도측정 작업을 담당한다. 대공화포 이동정비반은 사용부대를 순회하며 현지에서 실시하는 대공하포 수리작업을 담당한다.

9) 직접지원정비소대는 궤도차량 정비반, 화포 정비반, 감시장비 정비반, 사격통제기재 정비반으로 구분되며, 지원계획 또는 피지원부대 요청에 의거 부대를 순회방문하여 각종 궤도차량, 화포, 감시장비, 사격기재에 대한 현지 정비 업무를 수

행한다. 궤도차량 정비반은 각종 전차, 자주포, 장갑차의 동력발생 및 전달 장치, 차체, 기타장치에 대한 현지수리작업을 담당하며, 화포 정비반은 자주포의 포탑 및 포신, 견인곡사포에 대한 현지 수리작업을 담당한다. 감시장비 정비반은 각종 감사장비에 대한 현지 수리작업을 담당하며, 사격통제기재 정비반은 광학식 또는 각종 전자 · 기계식 사격기재에 대한 현지 수리작업을 담당한다.

3 군지단의 정비근무대

군지단의 정비근무대는 지역내 피지원부대의 장비에 대한 정비 및 보급을 지원하며, 근무대본부, 보급과, 지원통제과, 일반장비 정비중대, 구난근무반, 이동정비반, 화력 및 기동 정비중대로 편성되어 있다. 기능은 정비지원 및 완성장비와 수리부속 보급을 위한 계획수립, 집행, 감독을 실시하고, 화력 · 기동 · 일반 장비에 대한 장비 및 수리부속의 획득, 저장, 분배 등의 업무를 수행한다.

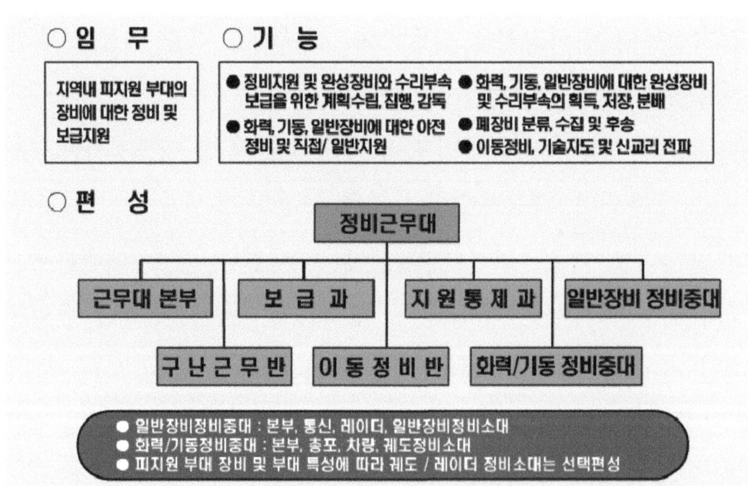

4 M/A 정비근무대

M/A 정비근무대는 야전군 지역내 MLRS, ATACMS에 대한 야전 정비지원의 임무를

수행하며, 또한 MLRS 장비에 대한 3 · 4계단 정비지원, 장비 및 수리부속의 획득, 저장, 분배, 현장 이동정비 및 기술지도, 장비 기술검사 및 후송, 장비 기술자료 수집 및 전파 등의 기능을 지닌다.

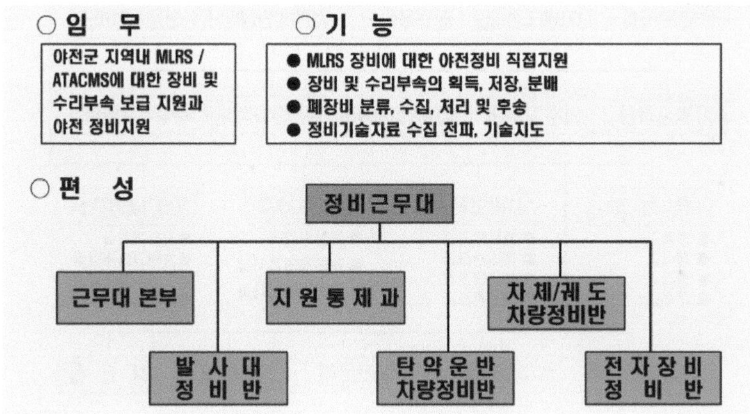

Section 03. 군수사령부의 정비부대

1 종합정비창

가. 임무

종합정비창은 특수무기 및 항공기를 포함하여 화력 · 기동 · 일반 · 통신 전자 · 의무 장비와 해 · 공군의 지상공통장비에 대한 창정비 지원과 예하 정비단을 지휘한다. 임무는 전 · 평시 전군 지상공통장비(화력 · 기동 · 일반 · 통신전자 · 의무 장비), 헬기, 특수무기에 대한 창정비를 지원한다. 전시에는 헬기 및 특수무기 전투긴요 수리부속의 지원, 특수무기 근접정비반, 야전군지역에 분창 및 항정대대에 보강지원반을 운영한다.

나. 편성

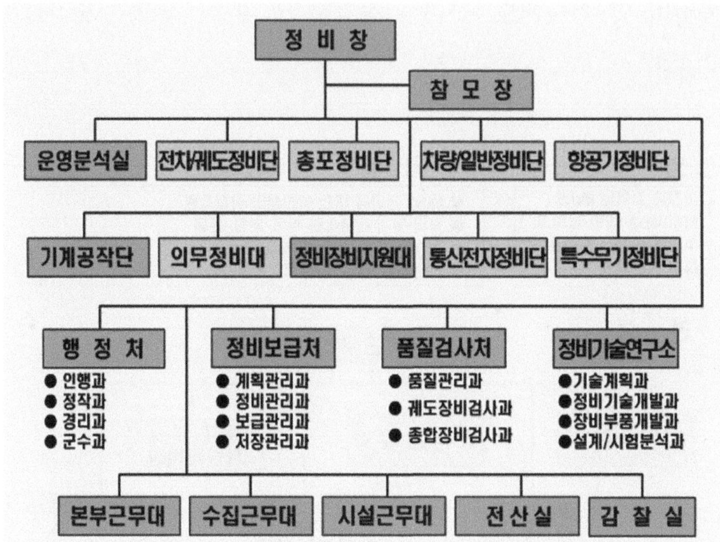

다. 기능

1) 화력 · 기동 · 일반 · 통신전자 · 의무 장비 및 헬기, 특수무기의 창정비
2) 창 및 야전소요 수리부속 제작지원 및 헬기, 특수무기 수리부속 보급
3) 도태 및 비경제적인 장비 폐판정 및 처리
4) 창정비 관련 종합군수지원 업무수행
5) 창정비품에 대한 품질보증 활동
6) 정비분야에 대한 기술정보 수집 및 기술연구 개발
7) 창정비 기술교육 실시 및 야전정비 기술교육 지원
8) 야전정비지원, 경영분석, 제도발전 및 기술 지도방문
9) 전 · 평시 창정비 계획수립 및 시행
10) 현무, 미스트랄, 저고도 탐지레이더, 제브린, 신궁, 메티스엠, 이글라 장비에 대한 직접 및 일반지원 정비

라. 부서별 직능

1) 행정처는 인사행정, 사제안전, 사기 및 복지, 상훈 및 징계, 부대행사 업무와 정

보, 작전, 교육훈련, 경계 및 주둔지 방호 업무를 수행한다.

2) 정비보급처는 부대운영 전반에 대한 계획수립 및 제반업무와 창 전 · 평시 정비 능력 판단과 각 정비단 정비 · 보급 등 제반업무를 통제한다.

3) 품질검사처는 생산 · 정비품에 대한 검사업무수행 및 야전 기술검사 지원과 창 내 품질관리활동 주관 및 품질분임조 활동을 지원한다.

4) 정비기술연구소는 전력화장비 창정비 요소 개발 및 ILS 요소 개발을 지원하고, 해외 및 국내조달시의 애로부품을 개발하며, 창정비 제한사항 해소를 위한 핵심 정비기술에 대해 연구 및 개발을 한다.

5) 분석평가실은 창정비 및 부대활동에 대한 운영성과 분석과 생산성, 경제성, 능률성 종합분석 및 경영개선을 위한 진단활동, 생산정비품 원가산정 및 비용분석, 작업시간, 장비 가동률 측정 및 공정 표준화 관리 업무를 수행한다.

6) 정보체계지원실은 전산 통합생산관리 체계 운영유지, 전산지원업무 유지 보수, 장비정보 측정관리 및 제공, 전자문서 및 홈페이지 관리 및 인터넷 운영지원, 신기술 습득업무 적용 및 전산체계 발전 등의 업무를 수행한다.

7) 감찰실은 예방감찰을 통한 부대관리, 전군정비지원 분야의 부정 및 비능률 요소를 사전예방하고 대외기관 및 상급부대 지도방문에 대한 수검준비계획 수립 및 지시, 통제업무를 수행한다.

8) 궤도장비 정비단은 전군의 궤도차량 완성장비, 구성품, 결합체, 궤도 및 로드 휠에 대한 창정비 임무를 수행한다.

9) 총포장비 정비단은 전군의 총포, 발칸, 다련장 및 사격통제기재에 대한 창정비 임무를 수행한다.

10) 차량일반 정비단은 전군의 기동장비, 일반장비, 결합체 및 부품에 대한 창정비 임무를 수행한다.

11) 의무통신전자정비단은 전군의 의무장비, 통신전자장비, 방선장비 및 물자의 안전도 검사와 전군소요 명판 제작지원, 전군의 통신장비에 대한 창정비지원과 전군의 의무장비에 대한 창정비 지원 및 이동정비를 실시한다.

12) 항공기 정비단은 피지원부대 항공기(무장, 통신포함) 정비 및 보급지원, 항공기

및 부품의 창정비를 위한 연구개발, 해외 및 외주 정비품목 검사, 부품 저장관리 및 불출임무를 수행한다.

13) 특수무기 정비단은 오리콘, AN/TPQ-36 · 37, 토우, 재브린, 현무에 대한 완성장비와 수리부속의 저장, 분배 및 창정비지원, 정비 및 복구성 품목의 수집, 검사, 분류 및 창정비 지원, 기술양성과정 교육지원 및 실무실습 소집교육 업무를 담당한다.

14) 기계공작단은 야전 및 창정비간 소요되는 수리부속의 제작과 재생을 지원하고, 포장박스 제작 및 보수, 각종 수리부속 도금 등 임무를 수행한다.

15) 정비장비 지원대는 창 보유 정비장비의 유지, 획득, 지원업무 수행과 정비장비의 유지비 획득 및 배정, 소요부품의 획득, 수리 및 납품검사업무를 수행한다.

16) 수집 근무대는 창정비를 위해 후송되는 전군의 지상 공통장비를 수입, 불출, 저장관리하는 업무와 D급 장비, 구성품, 결합체를 폐처리하는 업무를 수행하고 장비 및 시설물 처리시 발생되는 설물을 수집하고 처리하는 업무를 수행한다.

17) 시설관리대는 생산 정비활동에 필요한 동력지원, 창 시설관리 및 보수유지에 필요한 공사계획을 수립 및 시공하고 시설의 용역관리업무를 담당한다.

Chapter 6

야전부대의 정비 근무지원

Section 01. 부대정비 근무지원

1 부대정비의 중요성

육군의 정비체계는 정비작업을 실시하는 부대에 따라 부대정비, 야전정비, 창정비로 구분되며, 정비수준에 따라 1계단~5계단으로 구분 된다.

정비체계상의 각 정비부대나 정비계단은 전체 정비체계 내에서 각각 고유한 역할을 담당하고 있으며, 그 중에서 특히 강조되고 지휘관심을 집중 시켜야 하는 분야는 부대정비이다. 부대정비는 육군 정비체계의 시발점인 동시에 가장 기본적인 정비 분야로서, 보편적인 기술수준으로 임무수행이 가능할 뿐만 아니라 최소의 정비 비용으로 최대의 정비효과를 얻을 수 있다. 따라서 부대정비 근무와 관련되는 모든 요원은 책임의식을 가져야 한다. 이를 위해 지휘관은 제반 정비의 여건을 조성하고 직접적인 감독과 지휘검사를 통해 부대가 보유한 장비 및 물자가 항상 사용 가능한 상태를 유지하고 있는지를 확인 하여야 한다. 또한 장비운용병과 정비병은 예방정비 활동을 통해 자신이 관리하는 장비 및 물자가 기준수명을 유지하고 부대 임무수행에 즉각 사용될 수 있도록 부단한 관심과 노력을 경주하여야 한다.

2 예방정비

예방정비란 장비 및 보급품을 항상 사용이 가능한 상태로 유지하고 결함을 조기에 발견하여 이를 시정하기 위해 실시하는 점검, 손질, 조임, 조정, 주유 및 간단한 수리 등 장비를 운용부대에서 실시하는 정비근무를 말한다. 일반적으로 예방정비를 철저히 실시함으로써 장비 및 물자에 대한 결함을 조기에 발견할 수 있고, 고장의 확대 방지와 수리부속품 소요를 감소시킬 수 있으며, 상급의 정비시설로 후송하거나 입고정비를 억제하여 장비 및 물자의 기준수명을 유지할 수 있다.

예방정비는 고도의 기술과 정비용 장비 및 공구, 수리부속, 정비시설 등을 필요로 하지 않기 때문에 가장 적은 비용으로 언제 어느 곳에서든지 정비업무 수행이 가능하므로 특정한 시기나 장소를 국한 하는 것 보다 꾸준히 계속적으로 실시하는 것이 더욱 중요하다.

가. 예방정비의 구분

예방정비는 일반적으로 다음과 같이 구분한다.

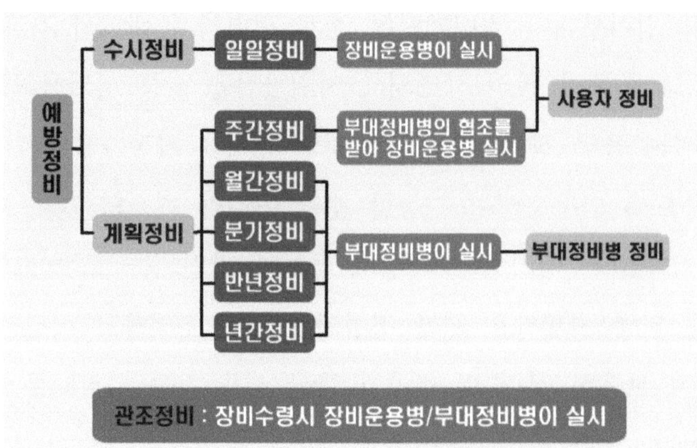

1) 수시정비 : 일일 정비라고도 하며 장비의 사용 전, 사용 중 또는 사용후에 실시하는 점검과 손질을 말한다. 일조점호를 실시하는 장비는 장비의 사용전 점검을 일조점호로 대치할 수 있으며, 장비운용병과 승무원이 함께 실시한다.

2) 계획정비 : 사전에 수립된 예방정비계획에 따라 주기적으로 실시하며, 실시주기는 주간, 월간, 분기 및 반년으로 구분되는데, 주간정비는 장비에 따라 1주 또는 2주 단위로 장비 운용병이 부대 정비병의 협조를 받아 실시한다. 월간, 분기, 반년정비는 장비별로 부대 정비병이 실시하며, 필요에 따라 해당 장비의 운용병이나 승무원의 도움을 받는다.

3 예방정비 계획의 수립

1) 예방정비는 해당 장비의 운용방식에 따라 달리 실시한다. 즉 장비가 시간 단위로 운용되면 운용시간에 따라 예방정비를 실시하고, 거리 단위로 운용되면 운행거리를 계산하여 실시한다. 시간단위로 운용되는 장비의 예는 발전기, 공압기, 유·무선 통신장비, 화포 등이 있으며, 운행거리 단위로 운용되는 장비에는 차륜 또는 궤도차량 등이 있다.
2) 예방정비 계획의 일정을 산정할 때, 토요일, 일요일, 국경일, 기념일등 공휴일은 계획하지 않는다. 또한 교육과 전투체육을 실시하는 수요일 등 실질적으로 예방정비를 실시 할 수 없는 날에도 장성급 지휘관의 승인을 받아 공휴일과 동일하게 적용할 수 있다.
3) 일정의 계속성 유지를 위해 전년도의 12월과 당해 연도의 1월, 그리고 매월 말과 다음 달 초 사이에는 관련성 있게 계획되어야 한다. 특히 년도 초나 월초에 전년도나 전월의 계획을 전혀 무시하고 처음부터 시작하여서는 안 된다.
4) 정비 작업량의 균등한 배분을 위해 정비병, 공구, 시설등 정비능력과 장비수를 고려하여 정비일정과 작업량은 전체 계획기간 동안 균등하게 배분하여야 하며, 특정 일자에 집중적으로 계획 하여서는 안 된다.
5) 주행거리(혹은 주행시간) 표시의 준수로 거리(혹은 시간) 단위로 운용되는 장비는 월간, 분기 또는 반년정비를 실시할 당시의 주행거리(시간)를 해당 일정 란에 표시하여 차기 예방정비계획을 수립할 때에 참고 한다.

4 예방정비 근무 절차

가. 일일정비

장비 운용병은 장비의 사용전, 사용중 또는 사용후 장비의 이상 유무와 가동상태를 점검하여 자신이 직접 정비가 가능하면 필요한 공구와 수리부속품, 기타 자재로 정비를 실시한다. 자신의 능력이 초과 될 때는 감독자에게 보고하여 필요한 조치를 받는다. 일조 점호 대상인 장비의 사용전 점검은 일일정비중 일조 점호행사로 대치할 수 있으며, 점호시 발견된 결함은 일조 점호 담당관에게 구두 보고하고 필요한 조치를 받아 시정한다.

나. 주간정비

장비 운용병은 주간정비 대상 장비에 대해 검사를 실시하여 정비할 개소와 내용을 확인한 후 검사내용을 정비지시서에 기록하고 필요한 공구, 수리부속품, 기타 자재를 획득하여 작업을 실시한다. 이때 필요하다면 부대 정비병의 도움을 받는다. 정비작업이 완료되면 정비지시서의 조치 내용 란에 필요한 내용을 기록하여 정비반으로 보낸다. 이때 부대자체 정비능력을 초과하여 상급 정비부대의 지원이 필요한 사항은 정비 담당관에게 보고하여 이동정비를 요청하거나 입고정비를 의뢰한다.

다. 월, 분기, 반년, 연간정비

월간 분기 또는 반년정비를 실시하고 조치하는 절차는 주간정비와 동일하다. 다만 검사 및 정비 작업은 부대정비병이 수행하고 필요시 장비 운용병의 도움을 받는다.

5 정비의뢰 및 지원 요청

가. 입고정비

1) 입고정비는 부대정비수준을 초과하는 결함장비를 정비지원부대에 입고하여 실시

하는 정비로서 결함 발견 3근무일내에 해당 장비를 정비 의뢰한다.

2) 입고정비 의뢰 전에 준비할 사항은 다음과 같다.

가) 입고 대상 장비에 대한 전반적인 상태를 점검하고, 점검결과 부대에서 정비가 가능한 결함부위는 자체적으로 정비 후에 세차와 주유를 실시한다. 특히 탈거된 복구성 품목(R품목)은 입고를 의뢰하기 전에 반드시 해당위치에 부착한다.

나) 입고의뢰 시 제출할 서류는 사전에 기록사항을 확인하여 누락된 부분이나 내용을 보완한다.

3) 장비와 서류에 대한 준비가 완료되면 사용부대 정비담당관은 준비된 서류와 함께 해당 장비를 정비지원부대로 이송하고, 기술검사관이 실시하는 입고 검사에 입회한다.

4) 입고 검사 완료 후 기술검사관이 확인 및 서명한 정비지시서 1부를 입고증빙서로 발부받아 자대보관하고, 장비를 출고할 때에는 이를 제출하여 완결한 후 장비를 인수한다.

나. 이동정비 또는 기술검사 지원요청

1) 편성부대에서는 다음과 같은 경우 상급 정비부대에 이동정비 또는 기술검사를 요청 할 수 있으며 이러한 지원요청 사안이 발생하면 사용부대 정비담당관은 지휘관에게 보고한 후 문서 또는 유선으로 상급정비부대에 지원을 요청한다.

가) 전술작전 등 긴급한 임무투입으로 해당 장비를 입고하여 정비할 시간적인 여유가 부족하거나 장비 이동이 곤란한 경우

나) 동시에 많은 장비를 정비하거나 기술적인 능력이 부족한 경우

다) 부대 보유 장비에 대한 종합적인 기술검사가 필요한 경우

2) 상급 정비부대에 이동정비지원을 요청할 때는 고장내용, 수리부속품소요 등 정비지원 소요판단에 필요한 사항을 보고한다.

3) 이동정비 또는 기술검사를 요청한 후에는 상급 정비부대의 지원에 대비하여 정비 대상 장비를 사전점검하고 부대정비를 실시한다. 부대 보유 장비의 전반적인

상태, 결함내용, 기타 지원요구사항 등 정비반 출동시 제시할 자료와 현황을 파악한다.

4) 정비가 계획된 날짜에는 적당한 장소에 대상 장비를 집결시키고, 정비반이 도착하면 준비된 현황과 자료를 제공하며, 장비 집결장소로 안내한다.

5) 이동정비 또는 기술검사가 종료되면 정비지시서와 관련서류를 완결하여 발부하고, 정비실적을 유지하기 위해 이를 전산시스템에 입력한다.

Section 02. 야전정비 근무지원

야전정비 지원은 야전정비 부대가 책임지역 내 지원 대상 장비를 대상으로 장비의 가동률을 보장하기 위하여 실시하는 정비활동이다. 기본적으로는 피지원 부대로부터의 결함장비에 대한 정비의뢰를 통해 수행되며, 정비부대는 사전에 피지원부대가 보유한 장비의 이력, 운용상태, 고장발생 경향 등 장비정비에 관한 정보를 바탕으로 가용한 정비요소를 집중적으로 연동체계를 유지한 상태에서 능률적으로 이루어져야 한다.

1 입고정비

사용부대의 장비가 결함이 발생하여 검사한 결과 부대정비 능력을 초과하거나 정비계단이 초과할 경우에 야전정비부대에 장비를 입고시켜 정비를 실시하는 방법으로 이동정비 또는 현장정비가 불가능하거나 입고정비가 더 효율적이라고 판단될 때 실시하는 방법이다.

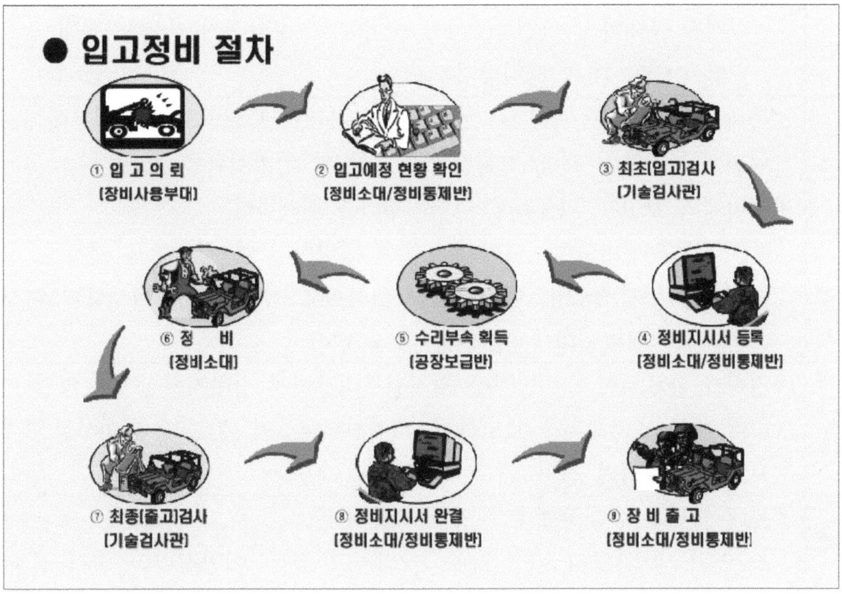

2 이동정비

이동정비는 연간 이동정비계획에 의거 정비능력을 갖춘 정비지원 부대의 정비반이 피지원 부대를 순회하면서 실시하는 계획정비로 주로 평시에 적용한다. 이동정비를 준비하고 실시할 때 착안할 사항은 다음과 같다.

구 분	착 안 사 항
피지원 부대와 사전협조	• D/L장비 품명 및 수량(수리부속 소요 포함) • 장비 집결 장소 및 예상 소요 시간 • 중식을 포함한 식사 및 숙영 • 기타 필요한 사항
출발전 정신교육 및 군장검사	• 출발신고는 중대장 명령하달을 수령후 중대장에게 신고하며 정신교육을 겸하여 실시한다. • 군장검사는 중대장이 실시하며 월1회 대대장이 군장검사를 반드시 실시한다. • 군장 검사시 착안사항 - 차량의 OVM 공구, 방향등, 라이트, 브레이크, 고임목 등 차량 가동 상태 - 이동정비요원의 임무숙지 상태 : 선탑자/운전병 준수사항, 각종양식 기록요령 - 교범, 공구, 수리부속, 정비용 장비, 각종서류 준비상태

	- 피지원 부대와의 사전협조사항 준비상태 : 보급정지 증명서 휴대 - 비상시 연락 대책 숙지상태
피지원 부대 도착후 보고 및 정비지원	• 하계는 08 : 00, 동계는 08 : 30 이전에 부대를 출발하고 피지원부대에는 10 : 00 이전에 도착하여 해당 지휘관에게 도착 및 정비계획을 보고한다. • 정비계획 보고후 기술검사와 이동정비를 실시한다. - 1 · 2계단 정비사항 : 피지원부 대에 정비위임 및 정비교육 실시 - 3 · 4계단 정비사항 : 현장정비를 원칙으로 정비지원을 실시하며 현장정비 불가능시는 정비중대에 입고 조치토록 한다.
이동정비 완료보고	• 정비가 완료되면 정비반장은 피지원부대장에게 정비지원실적과 당일 미 조치사항에 대한 조치계획을 보고하며, 피지원부대장의 애로 및 건의사항을 접수한다. • 보고가 완료되면 신고 후 복귀한다.
부대 복귀후 신고 및 명일 출동준비	• 부대 복귀후 중대장에게 복귀 신고를 한다. ※ 인원 및 차량의 이상 유무, 정비지원 실적, 이동정비의 일지 결재, 피지원 부대 애로 및 건의사항 보고 • 차후 출동준비를 한다. - 차량정비, 수리부속 확보, 각종 서류정리

3 업체 A/S 지원

가. 개 요

업체의 A/S지원은 장비 인도 후 일정기간 동안 장비의 가동상태를 보장하고 신규로 전력화된 장비에 대해 군정비의 기반을 확보하기 위해 실시한다. 이를 통해서 군정비 요원이 기술을 습득하고 수리부속의 수요를 형성함으로써 원활한 수리부속의 보급지원 소요 반영할 수 있도록 하며, 신규로 전력화된 장비의 정비이력을 구축하여 각종 분석자료 등을 획득할 수 있다.

나. 업체 A/S의 절차 및 정비실적 보고

A/S지원이 필요한 장비를 사용하는 부대는 해당 지원부대로 정비지원을 요청하고, 사용된 수리부속품은 수요를 반영하기 위해 정비를 실시한 즉시 해당 정비부대에 문서로 통보하며, 규정휴대량(PL)을 사용한 경우에는 이를 확보하기 위해 보충청

구를 실시하여 조치한다. 군수지원사령부에서는 정비지원 부대의 보고와 업체 A/S 팀으로부터 통보받은 A/S 지원실적과 전산으로 집계된 소모실적 결과를 대조하여 수요에 반영한 결과를 매월 군수사령부로 서면으로 통보하고, A/S 지원에 대한 성과분석을 반기 1회 실시하여 필요한 조치를 취한다.

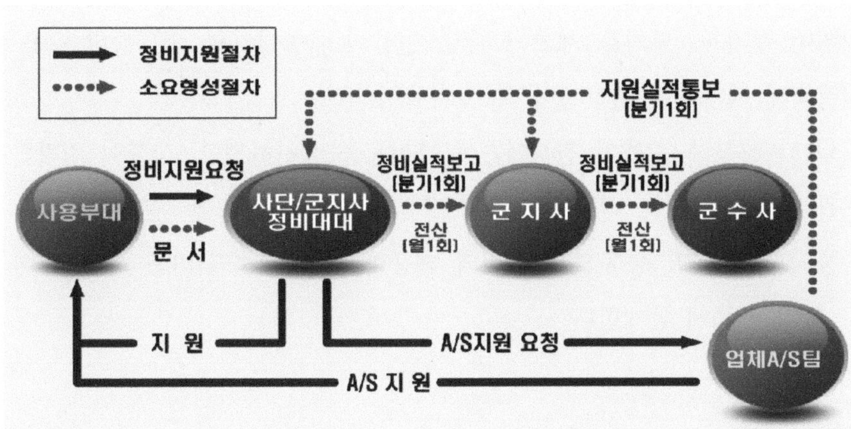

군수사령부는 군수지원사령부로부터 보고받은 A/S지원 실적에 대해 전산으로 집계된 수량과 비교하여 수리부속품 수요반영 여부를 확인하고 조치하며, 다음 년도의 예산 편성시 A/S 지원결과가 반영될 수 있도록 한다.

4 동류전용

가. 개 요

동류전용의 일반적인 개념은 사용 불가능한 장비(폐품, 경제적 수리불가 장비등)로부터 사용 가능한 수리부속품(구성품, 결합체, 부분품 등)을 제거하거나 취득하여 동일 종류의 장비를 수리하여 복구하는 행위이다.

나. 실시 시기

정비 원칙상 동류전용은 금지되어 있으나 아래와 같은 경우에 한하여 동류전용을 실시 할 수 있다.

1) 평시 : 폐처리가 인가되었을 때, 창 재생정비를 위해 대기중인 장비의 경우는 군수사령관 승인 하에 실시(보급원 생산중단 및 국내 미개발 부속으로 획득 전망 불가능시, 2개월 이내에 획득 계획된 품목은 우선 동류전용으로 충당하고 획득 후 원상태로 복구가 가능할 때)

2) 전시 : 전장지역에서 긴급정비 복구 소요 발생시, 적접 지역에서 정상적인 보급지원이 불가시, 장기간 재고 고갈로 인한 보급중단으로 전투장비 운용 불가시, 전장피해 평가결과 현장정비 복구 가능시

3) 위의 각 사항에 준하여 전시에는 동류전용을 실시하지만, 상황이 긴박하지 않고 시간적 여유가 있는 평시에는 계단초과 정비로 인한 고장부분의 확대와 수리 부속품의 소요증가, 동유전용 장비의 폐품화, 경제적 수리비용 증가 등이 초래될 수 있기 때문에 통제한다.

다. 동류전용 기준

1) 수리부속품의 보급이 원활하지 못할 경우에 장비 불가동 상태를 조기에 해소하기 위해 승인된 범위 내에서 동류전용을 할 수 있다.

2) 동류전용 승인권자 및 실시 책임은 평시 야전정비 종결장비는 군수지원 사령관에게 있으며, 창정비 대기중인 장비는 군수사령관에게 있다. 전시는 장관급 지휘관에게 있으며, 전 · 평시 동류전용 승인권한은 필요시 위임할 수 있다.

3) 전장지역에서 동류전용을 위해서는 제대별 임무 및 특성에 따라 동류전용 기준을 설정하여 이를 부대 내규 상에 명시하여야 한다. 전장지역에서 일반적으로 적용할 동류전용 기준은 다음과 같다.

구 분	승인권자	실시책임자	비 고
대대지역에서 수리 가능시	사용부대 지휘관 (대대장)	정비반장	근접정비반장에게 승인권 위임 가능
연대지역에서 수리 가능시	사용부대 지휘관 (연대장)	정비반장	근접지원중대장에게 승인권 위임 가능
사단 및 여단 지역에서 수리 가능시	사단 및 여단장	정비반장	정비대대장에게 승원권 위임 가능

라. 평시 동류전용 절차

전투 현장지역과 사단 후방지역으로 구분하여 실시하며 그 절차는 다음과 같다.

1) 전투 현장지역에서의 동류전용 절차

가) 근접지원 정비반이나 부대 정비반의 동류전용 장비에 대한 판정 및 승인 하에 동류전용을 실시한다.

나) 근접지원 정비반이나 부대 정비반에 의해 동류전용 장비에 대한 수리부속품을 판정한다.

다) 장비상태 판정 후 복구 가능 수리부속품 가용량을 확인한다.

※ 현 재고량, 요망 시간내 획득 가능 여부

라) 동류전용 대상 장비 선정 및 수리할 부분을 파악한다.

마) 부대 정비반이나 근접지원 정비반에 의해 전장에서 수리부속품을 탈거하여 해당 품목 가용성을 검사 후 결합한다.

바) 동류전용된 장비에 사용부가 수리부속을 결합시에는 표찰에 결함 내용을 기록하여 부착한다.

2) 사단 후방지역에서의 동류전용 절차는 다음과 같다.

가) 정비수집소로 후송된 장비에 대해 상태별 분류 및 검사를 실시한다.

나) 장비 선정후 탈거 대상품목은 전투긴요 수리부속품 위주로 선정하여 다수요 품목과 재고 고갈품을 최대한 사전 확보한다.

다) 사용가 수리부속품 처리는 손질 후 보관 및 재활용한다.

라) 동류전용된 장비에 사용불가 수리부속을 결합시 표찰에 결함내용을 기록하여 군단 수집분류소로 후송한다.

마. 전시 동류전용 가능품목

전장지역에서의 주요 동류전용 가능품목은 〈표 12〉와 같으며, 정비능력과 전술상황 및 여건에 따라 기타 수리부속품도 동류전용 할 수 있다.

▼ 표 12. 전시 동류전용 가능품목

기능별	주 요 품 목
화 력	• 전차 : 엔진, 변속기, 궤도, 종감속기, 보기륜 • 장갑차 : 엔진, 변속기, 궤도, 부수장비(기관총, 관측경, 기타) • 총포 : 총몸, 삼각대, 포다리, 가신장치 • 사격기재 : 장치대, 렌즈, 프리즘, 웜기어
기 동	• 동력발생 : 엔진, 방열기, 발전기, 시동기, 기화기 • 동력전달 : 변속기, 중간변속기, 웜기어, 차축(전 · 중 · 후) • 연료계통 : 연료탱크, 연료분사펌프
통신, 전자	• 송 · 수화기, 안테나, 모듈, 각종 케이블, 각종 장치대
일반장비	• 엔진, 변속기, 궤도, 방열기, 발전기, 시동기, 연료분사펌프, 연료탱크, 삽날, 버켓, 기화기
특수장비	• 발사기, 안테나, 케이블, 각종 장치대, 조준장치, 모듈

5 정비 대충장비(M/F) 운영

가. 운영목적

정비 대충장비(M/F)란 정비지원시설에서 즉각적인 수리가 불가능하거나, 정비기간 동안 대상 장비를 장기간 운영하지 못하게 되어 임무수행에 지장을 초래하는 것을 방지하기 위하여 정비대치품목을 정비지원부대에서 저장토록 인가한 완성장비 또는 장비 구성품을 말한다.

정비 대충장비를 운영하는 목적은 각급 정비부대에 입고율이 높은 주요 장비 및 장비 구성품에 대하여 입고정비 기간의 공백을 정비 대충장비로 지원함으로써 전투력의 공백을 방지하는데 있다. 정비 대충장비 운영은 사용부대와 직접지원 정비부대에 직접적으로 적용되나 일반지원 정비부대가 정비에 대한 직접지원 임무를 위임 받았을 때에는 일반지원 정비부대에도 적용된다.

나. 장비의 선정

1) 야전정비 부대의 입고 정비기간으로 인하여 초래되는 전투력 공백을 방지하기

위하여 정비 대충장비를 운영한다.

2) 정비부대의 수리부속 부족, 작업량 과다, 중(重)정비 소요, 기타 등으로 제한된 정비기간에 수리 반환이 불가능할 시 우선 확보된 정비 대충장비를 1 : 1로 교환하여 불출한다.

3) 정비 대충장비로 교환된 입고장비는 정비후 정비 대충장비로 확보하지만 장비의 특성에 따라 정비완료후 소속부대로 원복시키고 대여된 정비 대충장비는 정비부대로 회수한다.

다. 책 임

1) 군수참모부장은 정비 대충장비의 운영방침 및 절차를 수립하고 장비의 교체, 보충계획 수립시 정비 대충장비 소요를 포함 계획하여 획득한다.

2) 각 군사령관은 예하 정비지원부대의 정비 대충장비 운영에 대한 지휘 감독과 인가 범위 내에서 정비지원부대별 운영수준을 결정하고 시행하며 정비 대충장비 운영에 대한 개선책을 육군본부에 건의한다.

3) 야전정비 지원부대장은 인가된 량으로 연간 지원 실적을 분석하여 연 1회 정비 대충장비 인가 수정안을 지휘계통으로 건의한다.

라. 불출한계

1) 정비 대충장비 운영절차의 발전 및 수정 방안에 대한 건의 책임은 각 군사령관에게 있으며, 최종 승인은 육군참모총장(군수참모부장)이 한다.

2) 장비의 선정은 임무수행시의 긴요도, 장비 인가량, 현 보유량 및 보급, 정비 능력 등을 고려하여 선정한다.

3) 소요판단은 아래와 같이 운영유지를 위한 대충장비와 순환정비를 위한 대충장비로 구분하여 판단하며, 판단시 산출된 수치는 소수점 이하를 절상하여 산정한다.

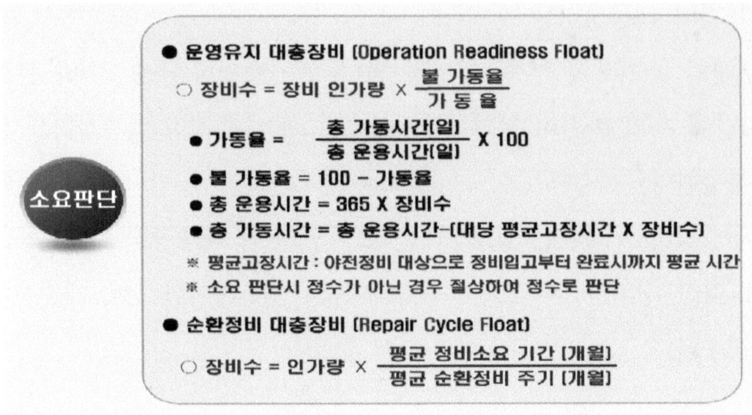

4) 불출한계

가) 부대 임무상 긴급하고 지장을 초래하는 고장장비

나) 부대 임무수행에 직접적으로 영향을 주지는 않으나 10일 이상 정비기간이 예상되는 장비

다) 정비 대충장비는 정비대충용 이외의 목적 즉 인가부족, 기타 타목적에는 불출하거나 사용할 수 없으며, 경계, 작전 등 부득이한 사유로 사용할 경우는 육군참모총장 승인하에 운용한다.

라) 전시(D-II)시 정비 대충장비는 손실보충용으로 전환하여 운용하며, (구성품은 운영용 수리부속으로 전환) 사용권한은 군사령관, 수방사령관, 항공작전사령관에게 있다.

마. 운영절차

1) 정비 대충장비의 최초 인가품목 및 적용률 또는 수량은 각 군사령관 건의에 의거 육본(군수참모부장) 검토를 거쳐 국방장관이 인가한다. 신규 무기체계 소요 제기시 정비 대충장비 소요량은 유사장비의 정비 대충장비 인가 기준을 적용하며 육군 군수참모부에서 정비 대충장비 소요를 검토하여 전력기획참모부에 통보한다.

2) 인가된 정비 대충장비는 할당 통제권을 가진 부대장의 보급지시에 의거 보급한다. 신규로 전력화된 장비의 정비대충장비는 장비 고장발생시 적시적인 지원이 가능하도록 전력화된 장비의 야전배치와 동일한 시기에 정비지원 부대에 보급한다. 또

한 저장관리 중 상태의 저하를 방지하기 위하여 저장 중에도 정비계획을 수립하여 시행하며, 정비 대충장비는 야전정비 지원부대 또는 군수사령부(정비창)에서 각각 관리한다. 다만 지역적인 조건으로 신속한 장비의 대체가 제한되는 정비대충장비는 각 군사령관이 정하는 바에 의하여 사용부대에서 관리할 수 있다.

3) 정비 대충장비의 기록계정은 편성부대 자원관리 실무 지침서(팜플렛 700-8-6)에 준하며, 정비 대충장비는 공장검사관에 의해 대충장비 교환으로 판정한 검사서를 근거로 수불한다. 정비 대충장비의 재산 증감에 있어서 보유 수량은 사용가 장비와 정비 중에 있는 장비를 합한 수가 된다.

4) 장비수불 절차

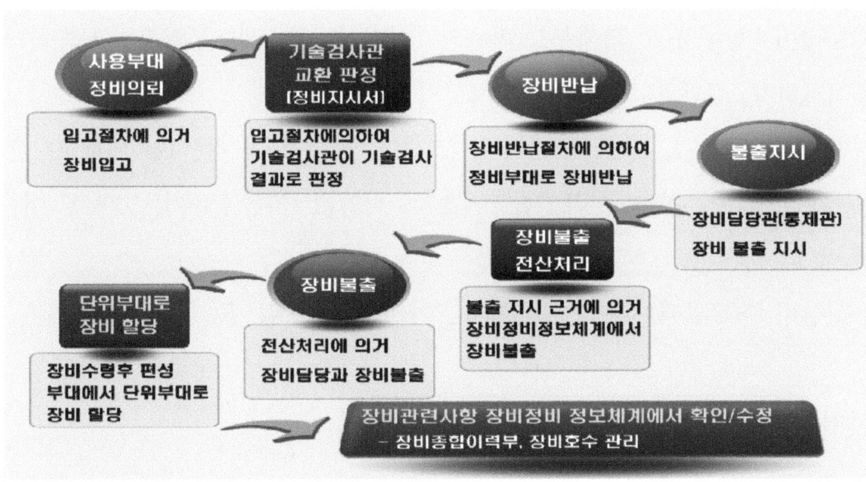

5) 장비사용 부대 관계관은 정비의뢰 된 장비가 야전정비 지원부대로부터 정비 대충장비 교환으로 판정 통보를 접수하면 반납증을 작성하고, 통보된 정비 대충장비 교환 판정 검사서를 첨부하여 보급반에 제출, 장비를 반납하고 동시에 불출증을 작성하여 정비 대충장비를 청구한다. 반납 및 불출증 근거 란에는 "정비 대충장비 교환"이라고 표시 한다. 그러면 보급관은 장비 사용부대에서 정비 대충장비 교환을 위한 반납 및 불출증을 접수하면 공장검사관으로부터 통보된 정비 대충장비 교환용 검사서를 대조하여 재고가 있는 한 접수된 순으로 불출하며, 장비사용 부대장은 정비 대충장비로 장비를 수령하면 정비시설에 3근무일이내에 등록한다.

6 외주정비

가. 개요

외주정비는 민간업체에 정비 의뢰해서 정비 지원하는 방법으로 주로 비 보급품 유지비로 정비하는 장비를 대상으로 한다.

나. 대상 장비

다음과 같이 군직 정비능력을 초과하는 장비와 외주정비로 경제성과 품질보장이 가능한 장비를 대상으로 실시하며, 대상 장비는 다음과 같다.

1) 기동장비 : 상용차량, 특장부분(박스카, 정비샵, 급수차, 부식차, 방송차, 구급차, 통신가설차, 트레라, 정비용장비(시험기, 세척기) 등
2) 일반장비 : 굴삭기, 도쟈, 구레이다, 크레인, 리본부교, 경문교, 도보교, 간편조립교, 제설차, 항온항습기, 체인톱, 예초기, 착암기, 자동주유기, 300kW 이상 발전기 등
3) 통신장비 : FAX, 카메라, 시청각장비, 야전선, 공드럼 등

다. 외주정비 절차

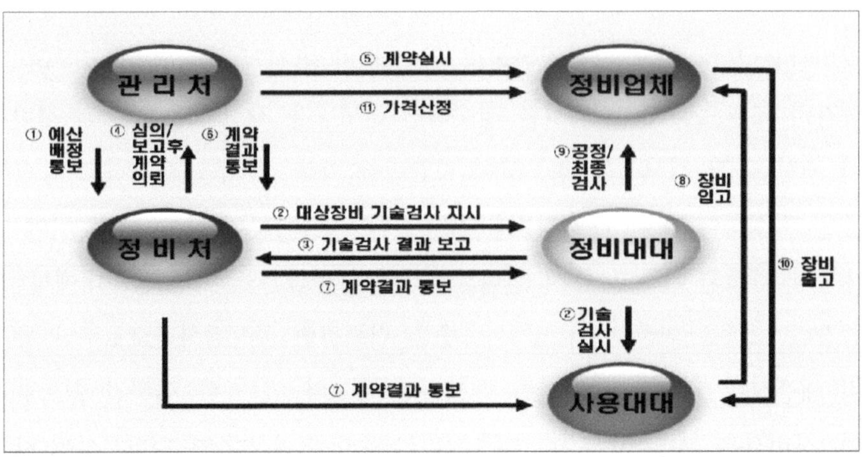

7 순환정비

순환정비는 장비의 기준 수명유지와 성능의 발휘를 보장하기 위하여 장비의 상태를 검사하여 주기적으로 실시하는 계획정비로서 정비후 원소속 부대를 지원하는 군수지원사령부 예하 정비지원부대로 복귀시키는 것을 원칙으로 한다. 순환정비는 야전 순환정비와 창 순환정비로 구분되며, 정비를 수행하는 부대의 정비능력과 함께 정비의 가능대수, 장비의 상태, 기술지원의 여건 등을 고려하여 정비계획을 수립하여 시행한다.

가. 대상 장비

순환정비 대상 장비는 고도의 정비기술을 요하는 항공기, 궤도장비, 특수무기, 화포 등 주요 전투장비에 적용하며, 육군본부 군수참모부장이 이를 선정한다.

나. 종 류

1) 야전 순환정비는 통상 군수지원사령부 정비부대의 정비시설 능력과 정비소요를 고려하여 육군본부에서 선정하고, 야전군 군사령관이 정비계획을 수립하여 시행한다.
2) 창 순환정비는 창 정비부대에서 실시하며 군수사령관이 계획을 수립하고 실시한다. 순환대상 장비를 선정하고 후송할 때에는 사전에 해당 군과 협조하고, 해당 군사령관은 계획을 실시하는데 차질이 없도록 대상 장비를 후송하여야 한다.
3) 순환정비를 위한 장비의 후송은 반납하는 장비와 구분한다. 따라서 순환정비를 위해 장비를 후송할 때에는 증표 상에 "순환정비"를 주기하고, 순환정비를 위해 후송하는 장비 및 부수기재는 후송간 장비를 보호하고 정비에 필요한 품목에 국한하여 부착하여 후송할 수 있다.

다. 정비의 주기 및 범위

1) 장비별 순환정비를 실시하는 주기는 기술교범 또는 규격서에 설정된 주기를 고려하되 장비의 상태 검사를 통해 결정한다.

2) 야전 순환정비의 정비수준 및 범위는 아이론(IROAN) 정비의 개념으로 실시하는 것을 원칙으로 하며, 장비별로 검사한 결과에 의거하여 군사령관이 정비의 우선 순위를 결정한다.

3) 야전 순환정비는 제대별로 인가된 정비계단의 범위 내에서 정비하는 것을 원칙으로 하며, 고가의 구성품과 결합체의 교환 또는 완전분해 수리를 지양하고 순환정비를 위한 장비의 후송 전에 동류전용을 하는 행위를 금지한다.

라. 정비계획 수립 및 수행 절차

1) 야전 순환정비는 통상 일반지원 정비부대에서 실시하며, 군사령관은 계획의 수립과 시행상태를 통제하고 감독한다.

2) 야전 순환정비의 계획은 군사령관 책임 하에 일반지원 정비부대의 정비지원소요와 정비능력을 고려하여 수립한다.

3) 각 군사령관은 군수지원사령부의 야전 순환정비 계획을 검토한 후 순환정비 계획을 계획년도 전(X-1년) 7월 10일까지 군수사령부로 통보한다.

4) 군수사령관은 야전군의 각 군별 정비계획을 종합하여 육군 종합정비계획에 포함하고, 정비에 소요되는 수리부속의 조달을 계획에 반영한다.

5) 군수사령관은 육군 종합정비계획과 야전 계획정비소요 수리부속 반영결과를 X-1년, 10월까지 육군본부에 보고하고 각 군에 이를 통보한다.

6) 정비시설 부대장은 계획된 야전 순환정비 지원을 실시할 책임이 있으며, 장비의 정비를 효과적으로 수행하도록 기술적인 지원을 제공한다.

8 기술지원

가. 개요

1) 기술지원은 사용부대로 하여금 원활한 보급 및 정비 업무를 수행하도록 각 정비부대에서 보급 및 정비사항에 대한 기술적 지도를 제공하는 업무이다. 따라서 정비부대는 사용부대는 능률적인 임무를 수행 할 수 있도록 기술지원을 제공하

여야 한다. 사용부대는 보급 및 정비 업무를 적절히 수행함으로써 장비의 수명이 보장되고 정비의 소요가 감소된다. 따라서 정비부대의 정비소요 감소와 원활한 수리부속 보급으로 지원업무를 효과적으로 수행 할 수 있다.

2) 기술지원은 사용부대의 정비요원이 부족하거나 장비, 시설, 기술이 부족하여 정비업무수행이 곤란할 때 실시한다. 정비부대는 기술지원을 위한 요건을 결정하고 기술지원을 제공하기 위하여 사용부대가 기술지원을 요청할 때뿐만 아니라 사용부대를 수시로 방문한다. 기술지원을 위한 부대 방문은 가능한 한 자주 실시하여 사용부대의 보급 및 정비 운용능력을 향상시킬 수 있도록 지원하여야 한다.

나. 지원 절차

1) 사용부대는 정비 업무를 효과적으로 수행하기 위하여 정비에 관한 교육과 기술지도를 정비부대에 요청할 수 있으며, 필요한 지원을 제공받아 정비 업무를 향상시킨다.
2) 정비부대는 사용부대의 요청 또는 자체 계획에 의거 사용부대에 정비교육, 기술지도 및 수시 방문을 실시하여 사용부대 정비관리의 애로사항을 해결하고 필요한 기술조언을 제공한다.
3) 정비부대간 협조 : 직접지원 정비부대는 일반지원 정비부대에 대하여 기술상의 조언과 지도를 요청 할 수 있으며, 일반지원 정비부대는 이에 대하여 조언과 지도를 제공하여야 한다.

다. 확인 및 조치사항

1) 장비 가동상태
2) 장비부수기재 및 장비용 공구 사용가능
3) 예방정비 계획 및 실시 상태
4) 규정휴대량 청구/확보/사용실적
5) 정비용 장비/공구/교범 등 확보 실태

6) 사용자 및 정비병 정비업무 수행 정도

7) 정비 및 장비 운용실적 기록 유지

8) 공구 및 교범 등 확보 실태

9) 사용자 및 정비병 정비업무 수행 정도

Chapter 7

정비능력 판단

Section 01. 정비소요 판단

정비능력을 산출할 때에는 정비소요와 관련된 모든 영향요소를 고려하는 것이 이상적이나 산출기법상의 어려움 등으로 정비작업의 직접적인 영향요소인 정비요원의 능력, 장비 및 공구, 수리부속 및 정비시설의 가용능력에 한정하여 적용한다. 정비능력판단은 정비 소요에 대한 정비의 영향요소별 가용능력을 비교하여 종합적인 정비지원 가능여부를 결정하는 과정이다. 따라서 정비능력 판단 결과에 따라 정비지원 요소별 과부족의 산출은 물론 각 요소별 문제점의 도출과 이에 대한 대책을 함께 강구하여야 한다.

1 정비소요의 결정

1) 정비소요는 일정한 지역과 기간 동안 해당 지역의 장비를 운용 및 유지하는데 소요되는 정비작업량으로서 주기당 정비대상 장비수나 작업인시로 표시한다.
2) 정비소요 결정을 위해 해당 정비부대가 지원하는 단위부대의 장비는 유형(Group)별, 모델(Model)별로 그 수량이 파악되어야 한다. 전시에는 편제표상의 전 · 평시 장비수와 전시 동원계획의 합을 적용하고, 평시에는 현 보유 장비수(배속운용 장비를 포함)를 적용한다.
3) 손실과 소요의 상관관계 : 손실분류에서 손실은 특정부대가 보유중인 장비 및 물

자가 여러 가지 원인으로 인하여 발생되는 사용상의 일체의 결손을 말하며, 손실의 범위는 수리복구가 가능한 것과 불가능한 것을 포함한다.

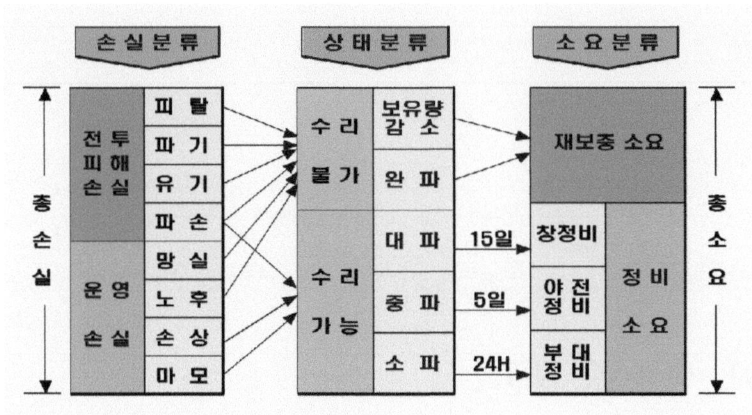

가) 평시 손실은 운영손실만이 발생하나 전시손실은 운영손실과 전투피해손실이 발생한다. 전투피해손실은 적 행동의 결과와 이에 대응하는 아군의 행위로 야기되는 장비, 물자상의 결손을 말하며, 적과의 교전으로 인한 피탈, 파기, 유기 및 파손 등의 원인에 의해 발생한다. 운영손실은 부대의 일상적인 업무수행과 관련된 행위로 야기되는 장비, 물자상의 결손을 말하며, 운영중의 망실, 수명초과로 인한 노후, 사고에 의한 손상, 정상, 비정상 마모 등의 원인에 의해 발생한다.

나) 상태분류에서 보유량 감소는 보유품목의 감소(피탈, 파기, 유기, 망실 등)로 인한 재보충 상태를 말한다. 완파는 수리를 통해 장비의 원상회복이 불가능한 상태를 말한다. 대파는 재생이나 분해수리를 요하는 창정비 대상으로서, 15일 이내에 수리가 가능한 것을 말한다. 중파는 주요 부분품, 결합체 및 구성품의 교환을 요하는 야전정비 대상으로서, 5일 이내에 수리가 가능한 것을 말한다. 소파는 약간의 수리로 장비의 기능 회복이 가능한 부대정비 대상으로서, 24시간 이내에 수리가 가능한 것을 말한다.

다) 소요는 특정부대가 임무 및 기능수행을 위하여 일정기간에 요구되는 지정된 품목의 총 수량을 말하며, 보급과 정비지원의 측면에서 소요는 재보충 소요

와 정비소요로 구분된다. 재보충 소요는 손실중 수리복구가 불가하여 재보충 되어야 할 소요를 말하며, 소모 보충률로부터 산출한다. 정비소요는 손실중 수리복구가 가능하여 운용을 위해 정비가 필요한 소요를 말하며, 창 정비소요, 야전정비소요(직접, 일반), 부대정비소요로 구분된다.

2 정비 소요

가. 전시 정비소요

전시 정비소요를 산정할 경우에는 K-0000(가칭) 제원을 적용하며, 손실량은 작전형태에 따른 환산지수와 비율 등에 따라 달라진다.

1) 손실 : 보유중인 자원이 전투피해 및 운용과정에서 영구적으로 결손 되는 것• 손실률 : 보유중인 자원이 전투피해 및 운용과정(비전투)에서 영구적으로 결손되는 자원의 일정기간 중 편제 장비수 또는 총 보유수에 대한 비율
2) 일일 손실률 : (해당 작전 기간 중 발생한 완파 장비수)÷(편제 장비수×작전기간)으로 산출하며, 작전기간별, 동원단계별, 누적기간별 손실률로 구분
3) 피해 : 전시 또는 이에 준하는 국가 비상 사태시 적의 공격에 의하여 특정 표적이 손상 받는 것
4) 피해 상태별 손실 분포비율 : 완파, 대파, 중파, 소파의 비율(합계 : 100%)
5) 손실 장비량 환산지수 : 완파 1.0 기준시 대파, 중파, 소파 장비 수량
6) 장비범주 : 지상 장비 및 항공(헬기)장비로 구분
7) 작전형태 : 6개 형태(공격, 지연작전, 급편방어, 준비된 방어, 예비, 고착)로 구분

▼ 표 13. 지상 장비의 피해상태별 손실분포 비율과 환산지수("예")

구 분		완 파	대 파	중 파	소 파
공 격	손실분포 비율(%)	20	16	24	40
	환산지수	1.0	0.8	1.2	2
지연 작전	손실분포 비율(%)	25	34	15	26
	환산지수	1.0	1.36	0.6	1.04
급편 방어	손실분포 비율(%)	30	21	21	28
	환산지수	1.0	0.7	0.7	0.93
예비	손실분포 비율(%)	15	13	26	47
	환산지수	1.0	0.87	1.67	3.13
고착	손실분포 비율(%)	10	18	18	54
	환산지수	1.0	1.8	1.8	5.4

나. 평시 정비소요

평시 정비소요는 일정기간 동안의 정비기록 서류상 정비실적 통계자료를 근거로 산출하며, 세부내용은 다음과 같다.

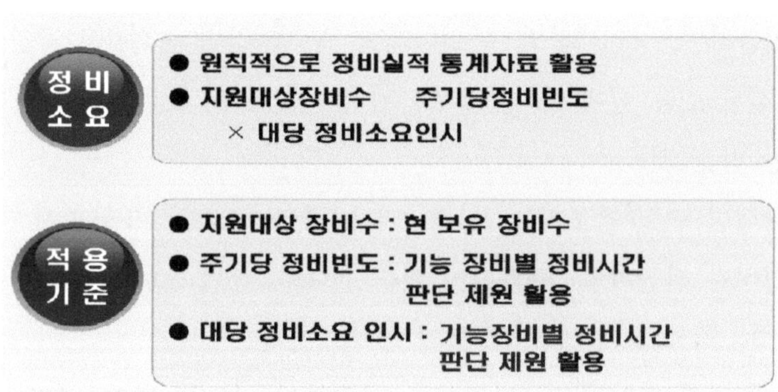

Section 02. 능력 판단 기준 및 절차

1 정비요원 능력 판단

가. 주기당 작업 가용시간

주기당 작업 가용시간 = 일일 작업시간 × 주기당 작업가용일 × 행정손실률 × 기타손실률

1) 일일 작업시간 : 전시 하루 작업시간의 기준은 통상 12시간으로 되어 있으나, 이 중 2시간은 식사와 개인 용무 등으로 제외하고 실질적으로 근무할 수 있는 시간은 10시간으로 간주한다. 평시는 군 표준일과표에 의거 8시간을 기준으로 한다.
2) 주기당 작업 가용일 : 주기당 작업가용일은 월간 작업가용일의 비율로서 산출하며, 정비요원의 월간 작업일은 전시는 30일, 평시는 교육훈련에 필요한 수요일(4일)과 토요일(4일) 및 공휴일인 일요일(4일)과 국경일(평균 1일)등 총 13일을 감한 17일을 기준으로 한다.
3) 행정 손실률 : 정비요원이 휴가, 파견, 후송, 출장 등 행정조치에 의거 작업할 수 없는 손실을 말하며, 그 손실률은 통상 전체 작업가능시간의 25%로 판단한다. 따라서, 평시 월간 작업가용시간은 136(8시간×17일)시간이나, 행정손실 34시간(136×25%)을 제외한 102시간이 된다.
4) 기타 손실률 : 정비요원이 경계근무, 보급업무 등의 근무활동과 환자 등으로 작업할 수 없는 손실을 기타손실이라 하며, 그 손실률은 25%로 판단한다. 따라서 평시 월간 작업가용시간은 행정손실을 고려한 102시간에서 기타손실 26(102×25%)시간을 제외한 76시간이 된다.
5) 상기의 조건을 모두 고려할 때 정비요원 1인당 월간 작업가용시간은 전시 168시간, 평시 76시간이며, 일일 작업가용시간은 전시 5.6시간, 평시 4.5시간이 된다.

나. 기술수준

현실적으로 모든 정비요원이 완숙한 기술수준에 도달하여 부대근무를 한다는 것은 불가능하므로 통상 기술정도에 따라 숙련공, 준숙련공, 미숙련공으로 분류하여 시간당 작업량을 다음과 같이 적용한다.

기 술 수 준	숙 련 공	준숙련공	미숙련공
시 간 당 작업량(인시)	1	0.75	0.5

1) 숙련공은 어려운 부분의 작업을 혼자서 할 수 있으며 그 작업능률이 대단히 높은 정비요원으로서, 이러한 정비공은 1시간에 1인시의 작업을 수행할 수 있다.
2) 준숙련공은 어려운 부분만 숙련공이 도와주면 혼자서 작업을 할 수 있는 정도의 비교적 작업능률이 높은 정비요원으로서, 이러한 정비공은 숙련공의 75%인 1시간에 0.75인시의 작업량을 수행할 수 있다.
3) 미숙련공은 숙련공의 계속적인 도움 없이는 혼자서 작업을 할 수 없는 정비 요원으로서, 이러한 정비공은 숙련공의 50%인 1시간에 0.5인시의 작업량을 수행할 수 있다.

다. 작업능력

작업능력(인시 / 주기) = 인원수 × 주기당 작업가용시간 × 기술수준

1) 인원수 : 전시는 편제표상 전시 인원, 평시는 편제표상 평시인원을 기준으로 한다.
2) 주기당 작업가용시간 : 일일 작업가용시간은 전시 5.6시간, 평시 4.5시간을 기준으로 하며, 월간 작업가용시간은 168시간, 평시 76시간을 기준으로 한다.
3) 기술수준 : 전시는 준 숙련공, 평시는 각 개인별 주특기능력 측정결과를 적용하나, 계획단위부대에서는 평시에도 준 숙련공을 기준으로 하여 적용할 수 있다.
4) 기타 : 정비를 위해서는 해당 장비의 수리작업에 직접 투입되는 요원과 간접 투입되는 요원(정비행정, 보급, 근무지원 및 기술지도 근무요원 등)을 동시에 필요로 하나, 작업능률을 산출할 경우에는 직접 투입되는 요원만을 대상으로 한다.

라. 정비요원 능력 판단

- 정비요원 능력(%) $= \dfrac{\text{작업능력(인시 / 주기)}}{\text{정비소요(인시 / 주기)}} \times 100$

$$= \frac{\text{인원수} \times \text{주기당 작업가용시간} \times \text{기술수준)}}{\text{주기당 정비소요 장비수} \times \text{대당 정비인시}} \times 100$$

※ 대당 정비인시는 "기능장비별 정비시간 판단 제원"을 적용한다.

2 장비 및 공구 가용능력 판단

- 장비공구 가용 능력(%) $= \dfrac{\text{장비 가용능력} + \text{공구 가용능력}}{2}$

- 장비 가용 능력 $= \dfrac{\text{보 유}}{\text{인 가}} \times 100$
- 공구 가용 능력 $= \dfrac{\text{보 유}}{\text{인 가}} \times 100$

장비 및 공구 가용능력 판단은 편성 장비표 또는 할당표상의 인가에 대한 보유비율로 산출하며, 차후 보급계획 및 전망, 특정장비 임무수행시 문제점과 대책 등을 함께 제시하여야 한다.

1) 장비는 점 또는 대수를 기준으로 하며, 대상 장비는 정비하는 부서의 보유차량 및 트레라(행정, 시설보급용 제외), 기계공작 장비(공구세트를 포함한 장비는 제외), 직접지원 정비부대의 현장정비에 소요되는 정비용 천막류 등이다.
2) 공구는 세트수를 기준으로 하고 보유세트 중 구성항목이 50% 미만인 세트는 미보유 세트로 한다.
3) 인가 초과 보유 품목의 초과량은 보유량에 포함하지 않는다.

3 수리부속 가용능력 판단

수리부속 가용 능력 판단은 제대에 따라 인가저장목록(ASL)품목 또는 공장보급반의 인가항목에 대한 보유항목의 비율로 산출한다. 차후 보급계획 및 전망, 특정정비 임무 수행시 수리부속상의 문제점과 대책을 함께 제시하여야 하며, 적용기준은 다음과 같다.

1) 시설보급 임무를 병행하여 수행하는 부대 : ASL품목

2) 기타의 정비부대 : 공장보급반의 운영 인가 품목

4 정비시설 가용능력 판단

정비시설 가용 능력 판단은 장비별 높이를 고려한 유개공장 소요 체적대 보유 체적의 비율로 산출하나, 전시 근접정비지원 개념에 의한 현장정비를 위주로 하는 직접지원 정비부대는 현장정비에 소요되는 정비용 천막으로 정비활동이 가능하므로 정비시설 능력의 산출 시에는 적용에서 제외한다.

5 종합 판단

1) 가중치는 계획단위 정비부대에서 군수기능간 지원능력을 비교하기 위한 수단으로 이용된다.

- 일반지원(G/S) 정비부대
  - 정비능력(%) = (정비요원능력 × 가중치) + (장비 / 공구 가용능력 × 가중치) + (수리부속 가용능력 × 가중치) + (시설 가용능력 × 가중치)
- 직접지원(D/S) 정비부대
  - 정비능력(%) = (정비요원능력 × 가중치) + (장비 / 공구가용능력 × 가중치) + (수리부속가용능력 × 가중치)

2) 정비 업무와 관련된 지원요소별로 다음과 같은 가중치를 설정할 수 있다.

지원요소 / 적용구분	인 원	공구 / 장비	수리부속	시설
일반지원(G/S) 정비부대	0.50	0.20	0.25	0.05
직접지원(D/S) 정비부대	0.50	0.25	0.25	-

Section 03. 정비요원 소요 판단

1 소요 산출

1) 정비요원은 해당 장비의 정비작업에 직접 투입되는 인원(직접 수리요원)과 간접 투입되는 관련분야 근무인원(간접 수리요원)으로 구분된다.
2) 정비요원의 소요를 산출할 때는 현실적으로 모든 직접 및 간접 수리요원이 해당 분야 업무에 기술적으로 완숙한 숙련공일 수 없기 때문에 이들의 기술정도를 준 숙련공 기준으로 반영한다.
3) 소요 판단은 수리부속의 고갈, 정비대기 시간 등을 고려하지 않고 순수 정비 소요만을 산출하여 판단하며, 소요 판단시 수치가 정수가 아닌 경우에는 소수점 이하를 절상하여 결정한다.

2 산출 공식

- 정비요원 총 소요(명) = 직접수리요원 소요(명) + 간접수리 요원 소요(명)

  - 직접수리요원 소요(명) = $\dfrac{\text{정비소요(인시, 주기)}}{\text{수리요원 1인의 작업능력 〔인시, (주기 · 명)〕}}$

    • 정비소요(인시, 주기) = 지원대상장비수(대) × 정비빈도(회 / 주기)
    × 대당 1회 야전정비소요[인시 / (대, 회)〕

    • 수리요원 1인의 작업능력[인시 / (주기, 명)〕 = 주기당 1인작업가용시간
    × 기술수준(0.75)

  - 간접수리요원 소요(명) = 직접 수리요원의 수와 해당분야 업무량을 고려하여 결정

1) 정비소요는 "기능 장비별 정비시간 판단 제원"을 적용하여 산출한다.
2) 간접 수리요원은 군사특기가 별도로 설정되지 않고, 각 정비특기 요원이 공통으로 편성되는 정비작업 지원 분야의 근무요원(정비통제반, 공장보급반, 구난 및 후송반, 서브품목 수리반)과 기술지도 및 노상검사 등의 부가적인 임무수행에 필요한 인원을 말한다.

Section 04. 기능 장비별 정비시간 판단 제원

1 화력 및 기동장비[5)]

장 비 명			대당월간 부대정비 소 요 [인시/(대,월)]	연 간 야전정비 빈 도 (회/년)	대당1회 야전정비 소 요 [인시/(대,회)]	대당연간 야전정비 소 요 [인시/(대,년)]
화력	개 인 화 기		15	2	1	2
	기 관 총		20	4	3	12
	무 반 동 총		20	4	2	8
	박 격 포		20	4	2	8
	화포	105M 이하	24	5	24	120
		155M~8″	24	5	32	160
		M계열전차,자주포 (90M~8″)	33	5	36	180
		K계열 전차	33	5	120	600
		K계열 자주포	12	5	90	450
	사격기재(OCE포함)		8	1	4	4
기동	궤도 차량 (차체)	전차, 자주포	48	4	88	352
		M계열 장갑차	48	4	88	352
		K계열 장갑차	28	4	180	720
	차륜 차량	2 1/2톤 이하	60	4	25	100
		5톤 이상	48	4	50	200
	트레라	1 1/2톤 이하	13	3	3	9
		2~10톤 미만	13	3	8	24
		10톤 이상	18	3	10	30

※ 천마, 비호는 K1전차 적용, MLRS는 K55자주포 적용

주) (1)~(3) 장비의 제원은 수기사에서 '97년도 경험치를 이용하여 산출한 결과임

5) 1) 대당 월간 부대정비소요 : 월간 장비 1대당 사용부대 정비요원이 정비하는데 소요되는 평균 작업인시 ; 2) 연간 야전 정비빈도 : 연간 야전정비를 필요로 하는 평균 횟수 ; 3) 대당 1회 야전 정비소요 : 야전정비를 필요로 하는 장비를 대당 1회 정비하는데 소요되는 평균 작업인시 ; 4) 대당 연간 야전정비소요 : 연간 야전정비시설에서 장비를 정비하는데 소요되는 대당 정비인시

2 공병장비

<table>
<tr><th colspan="3">장 비 명</th><th>대당월간
부대정비
소 요
[인시/(대,월)]</th><th>연 간
야전정비
빈 도
(회/년)</th><th>대당1회
야전정비
소 요
[인시/(대,회)]</th><th>대당연간
야전정비
소 요
[인시/(대,년)]</th></tr>
<tr><td rowspan="2">건설
장비</td><td colspan="2">도쟈, 굴삭기, 크렌</td><td>57</td><td>5</td><td>117</td><td>585</td></tr>
<tr><td colspan="2">그레이더, 로다스코프</td><td>57</td><td>5</td><td>112</td><td>560</td></tr>
<tr><td rowspan="3">발전
장비</td><td rowspan="2">발전기</td><td>소형 : 1.5~10KW</td><td>24</td><td>3</td><td>24</td><td>72</td></tr>
<tr><td>대형 : 15~100KW</td><td>33</td><td>2</td><td>72</td><td>144</td></tr>
<tr><td>충전기(1)</td><td>1.5, 3KW</td><td>24</td><td>3</td><td>24</td><td>72</td></tr>
<tr><td rowspan="2">공압
장비</td><td colspan="2">소형 : 5, 15, 60 CFM</td><td>24</td><td>4</td><td>30</td><td>120</td></tr>
<tr><td colspan="2">대형 : 250, 600 CFM</td><td>33</td><td>4</td><td>86</td><td>344</td></tr>
<tr><td rowspan="3">급수
장치</td><td rowspan="2">양수기</td><td>50 GPM</td><td>24</td><td>3</td><td>12</td><td>36</td></tr>
<tr><td>80~125 GPM</td><td>33</td><td>3</td><td>27</td><td>81</td></tr>
<tr><td colspan="2">정수장비 : 1500GPH
(정수장비세트 차량탑재)</td><td>33</td><td>4</td><td>32</td><td>128</td></tr>
<tr><td rowspan="2">도하
장비</td><td colspan="2">교량가설 보트(27′)</td><td>24</td><td>6</td><td>37</td><td>222</td></tr>
<tr><td colspan="2">아웃보드모타 : 25, 40, 70HP</td><td>12</td><td>3</td><td>38</td><td>114</td></tr>
<tr><td rowspan="4">전투
장비</td><td colspan="2">장갑전투도자,
다목적굴착기</td><td>32</td><td>2</td><td>150</td><td>300</td></tr>
<tr><td colspan="2">교량전차</td><td>20</td><td>2</td><td>120</td><td>240</td></tr>
<tr><td colspan="2">지뢰탐지기</td><td>1.3</td><td>4</td><td>3</td><td>12</td></tr>
<tr><td colspan="2">지뢰살포기</td><td>0.8</td><td>2</td><td>5</td><td>10</td></tr>
<tr><td>기타
장비</td><td colspan="2">폭파기구 세트
제논탐조등
전기용접기</td><td>1.3</td><td>4</td><td>3</td><td>12</td></tr>
</table>

주) (1)~(9) 장비의 제원은 삼성항공에서 '95년도 경험치를 이용하여 산출한 결과임

3 통신전자 장비

장비명			대당월간 부대정비 소요 [인시/(대,월)]	연간 야전정비 빈도 (회/년)	대당1회 야전정비 소요 [인시/(대,회)]	대당연간 야전정비 소요 [인시/(대,년)]
유선 장비	전화기	경전화기KTA-1/PT 야전용전화기KTA-312	5	1	6	6
	교환기	휴대용교환기SB-22/PT 전술용전자식교환기 SB-30K	10	4	8	32
	전신타자기 UGC-80K, PGC-5K		15	2	12	24
무선 장비	FM 장비	경보수신기 GRR-5K	10	1	8	8
		단파송수신기 AN/GRC-165	16	2	19	38
		다파송수신기AN/URC-87, AN/URC-106	20	2	11	22
		전신타자기 AN/GRC-142AK, BK	18	2	26	52
	FM 장비	저출력휴대용 무전기 PRC-85K	20	2	5	10
		휴대용 무전기 KAN/PRC-77	25	2	5	10
		초단파송수신기(V-12계열) AN/PRC-46, 47, 49	25	2	24	48
		초단파송신기 PRC-999K	16	2	3	6
		초단파송수신기 VRC-946K	16	2	5	10
	원방조정기 KAN/GRA-39		6	3	2	6
	전신전화 신호변환기 AN/TCC-29, TCC-95K		8	2	8	16
다중 장비	무선중계기 T-113		10	2	12	24
	무선중계 단말기 T-145		8	1	20	20
기타 장비	해안감시용 레이더 MR-1600		45	4	10	40
	열상장비 TAS-502		24	4	12	48
	기상관측기 WO-2000AM		12	2	8	6
	전장감시장비 라지트 3190B		24	4	12	48

주) (1)~(7) 장비의 제원은 2 · 3군수지원사령부에서 '97년도 경험치를 이용하여 산출한 결과임

4 화학장비

장 비 명		대당월간 부대정비 소요 [인시/(대,월)]	연간 야전정비 빈도 (회/년)	대당1회 야전정비 소요 [인시/(대,회)]	대당연간 야전정비 소요 [인시/(대,년)]
개인보호	방독면류	8	12	0.4	0.8
집단보호장비	집단보호기류	12	4	6	24
경보장비	자동경보기	12	4	10	40
제독장비	제 독 차 량	24	4	16	64
	휴대용제독기	18	4	4	16
발연장비	발 연 기	24	6	8	48
기타장비	산소호흡기, 가스살포기, 화염방사기, 지뢰충전기	12	5	2	10

5 대공 유도 무기

장 비 명		대당월간 부대정비 소요 [인시/(대,월)]	연간 야전정비 빈도 (회/년)	대당1회 야전정비 소요 [인시/(대,회)]	대당연간 야전정비 소요 [인시/(대,년)]
발칸(문)	사통장비	8	52	6	321
	레 이 더	22	108	14	1512
오리콘(문)	화 포	12	32	4	128
	사통장비	28	68	8	544
토 우(기)		20	29	35	1015
어네스트 죤(대)		24	24	36	864
다 련 장(대)		32	12	10	120
저탐레이더(대)		40	20	24	480
현무(기)	발 사 대	8	18	12	216
	지휘통제장비	30	62	48	2976
재 브 린(기)		8	22	12	264
레 포 타(830K)		40	20	24	480
대박격포레이더		18	46	14	644

주) (1)~(6) 장비의 제원은 2 · 3군수지원사령부 및 5정비창에서 '95년도 경험치를 이용하여 산출한 결과임(신궁, 미스트랄은 제브린 적용)

6 의무장비

장 비 명	대당월간 부대정비 소 요 [인시/(대,월)]	연 간 야전정비 빈 도 (회/년)	대당1회 야전정비 소 요 [인시/(대,회)]	대당연간 야전정비 소 요 [인시/(대,년)]
외 과 장 비	1	3	4	12
치 과 장 비	1.2	3	5	15
엑 스 선 장 비	3	4	8	32
병 원 장 비	1.2	3	5	15
병 리 장 비	1.5	3	6	18
기 타 장 비	1	3	4	12

Chapter 8

종합군수지원과 정비

Section 01. 종합군수지원 개념

1 정 의

종합군수지원(ILS : Integrated Logistics Support)이란 무기체계의 효과적이고 경제적인 군수지원을 보장하기 위하여 소요제기 시부터, 설계, 개발, 획득, 운영 및 폐기 시까지의 제반 군수지원 요소를 종합 관리하는 활동이다.

종합군수지원은 무기체계의 설계, 개발, 획득 과정에서 제반 군수지원 업무가 주장비 획득업무와 동시에 이루어질 수 있도록 관리함으로써 군수지원의 적시성을 보장하는 것을 의미하며, 군수지원요소별 업무를 기능적으로 종합한다는 것이다.

야전 배치시 제공된 개발 제원은 장비 운영기간 중에 경험제원을 수집 · 분석하여 최신 제원으로 수정 · 보완하고, 개발기관에 환류(Feed-back)시켜 차기 무기체계 개발에 활용한다. ILS 개발업무체계는 무기체계 개발단계에 맞추어 선행연구, 탐색개발, 체계개발 과정을 거치면서 점차 구체화 · 정량화되고, 최종적으로는 주장비와 연계해서 적정수준의 동시조달수리부속(CSP : Concurrent Spare Parts), 정비계단설정, 시험장비 개발 및 확보, 특수공구의 개발 및 확보, 기술교범 개발, 기술자료 확보, 보급제원개발, 적정 정비인력의 산출 등으로 이어진다. 그 업무개념은 〈그림 13〉에서 보는 바와 같다.

▲ 그림 13. ILS 개발 업무개념도

2 획득 및 관리

ILS는 무기체계의 수명주기 간에 걸쳐서 주장비와 함께 개발하되 주장비 배치계획을 고려하여 획득하고, 주장비 운용에 필요한 지원품목 등을 포함하여 통합 · 패키지화 및 부대단위로 보급하여 배치된 주장비의 성능발휘 및 운영유지를 보장할 수 있도록 상호 체계적으로 관리, 유지되어야 한다.

무기체계 획득단계에서 운영유지비의 최소화와 군수지원 적용성 등을 검토하여 ILS요소를 개발 · 획득하고, 전력화평가 후속조치 완료 후 운영유지단계로 전환한다. 무기체계 운영유지단계에서 소요군이 야전운용제원(장비이력, 운용 · 고장 · 정비 · 부품교체 자료 등)을 수집하여 기품원으로 제공하고 기품원은 이를 분석하여 그 결과를 방위사업청, 소요군 및 개발기관에 환류하여 무기체계의 성능개량 및 개조가 가능하도록 하여야 한다. 무기체계 연구개발간 ILS 요소의 개발절차는 〈그림 14〉와 같다.

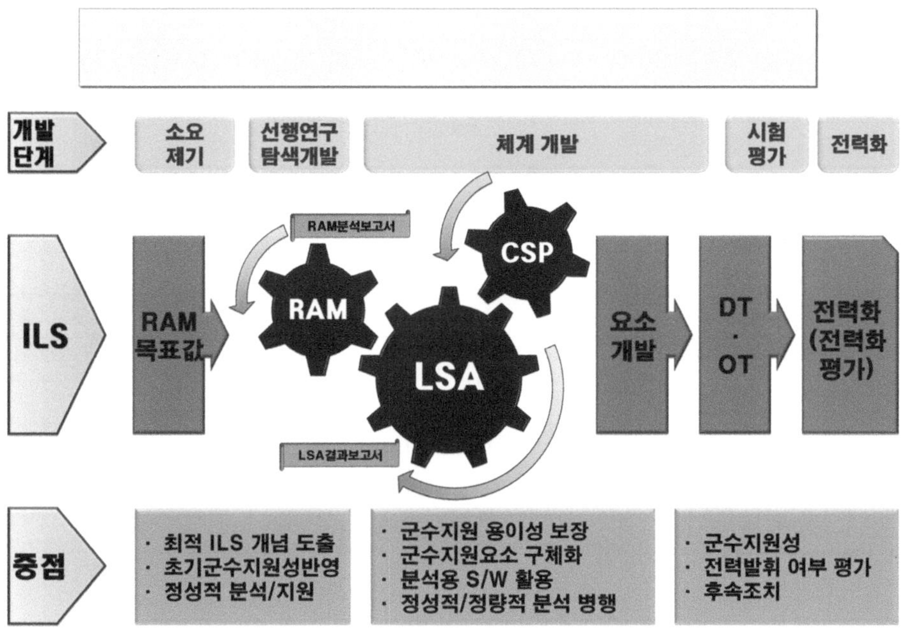

▲ 그림 14. ILS요소 개발 절차

Section 02. 종합군수지원 요소

현재 우리 군의 ILS는 11대 요소로 구분되며, 이러한 ILS요소의 개발은 무기체계의 최초 소요요청 단계에서부터 시작되어 배치 이후 도태 시까지 지속적으로 수행된다.

또한 무기체계의 성능(Performance), 안전, 경제성, 가용성 등이 복합적으로 고려되어 군수지원분석(LSA : Logistics Support Analysis)이 수행되며, 이러한 분석결과를 토대로 보급지원, 기술교범, 지원장비, 군수인력운용, 군수지원교육 등 ILS요소가 종합적으로 개발되므로 성공적인 ILS 개발을 위해서는 여러 요소 간의 절충과 최적화를 위한 노력이 요구된다.

▼ 표 14. ILS 11대 요소

구분	방위사업청 훈령 제319호('14.12월)	미 육군규정700-127('12.3월)
1	연구 및 설계 반영	Design influence/interface
2	표준화 및 호환성	
3	정비계획	Maintenance planning
4	지원장비	Support equipment
5	보급지원	Supply support
6	군수인력운용	Manpower and personnel
7	군수지원교육	Training and training support
8	기술교범	Technical data
9	포장, 취급, 저장 및 수송	Packaging, handling, storage, and transportation
10	정비 및 보급시설	Facilities
11	기술자료 관리	Computer resources support

1 연구 및 설계반영

연구 및 설계반영은 무기체계의 소요기획 · 연구개발 · 시험평가 · 전력화에 이르기까지 무기체계 수명주기 전 과정에 걸쳐 군수지원요소 및 요구사항을 도출하여 설계에 반영하는 활동으로, 방위사업청(사업관리본부)과 소요군은 무기체계별 종합군수지원 소요의 연구를 위하여 연구개발주관기관과 협조하여 경험제원에 의한 종합군수지원 자료를 수집하고, 국내 · 외 업체를 방문하여 무기체계별 종합군수지원 소요를 사전에 연구할 수 있다. 세부적으로 유사 무기체계의 야전운용 및 경험 제원에 대한 환류(Feed-back) 및 분석을 통하여 군수제원을 형상화하고 선행연구, 탐색개발, 체계개발간 연구개발 주관기관 보유기술 등의 기술자료를 활용하여 설계 반영사항을 작성하고 명확한 정비지원 개념을 바탕으로 운영유지비 절감 방안 및 장비 불가동시간 최소화 방안 등을 검토하여야 한다.

체계 설계시 고려사항으로는 개발완료 후 추가 개선소요를 최소화하고 사용자의 편의성 · 안정성 및 장비의 신뢰성 · 정비의 용이성을 극대화시켜야 하며, "사용자 편의성"은 인체 공학적 설계를 포함한다. "정비 용이성"은 장비 자체고장진단(BIT : Built-In

Test)을 강화하여 부품 및 구성품 등의 고장 여부판단을 용이하게 하고 임무 필수 및 치명 품목에 대한 식별과 정비 시 해당부품 및 구성품에 대한 접근을 용이하게 하여 교환 및 정비 행위를 쉽게 수행 할 수 있도록 주장비 설계에 반영하는 종합군수지원 개발 개념이 구체화 되는 초기단계 과정이다. 이를 위하여 설계에 반영할 사항은 다음과 같다.

1) 수집한 무기체계별 종합군수지원 자료의 검토결과
2) 주장비 선정 및 설계 시 군수지원의 용이성 · 지속성 및 운영유지비의 최소화를 위한 요구사항
3) 정비계획요소 중 주장비 설계에 의해 많은 영향을 받는 정비개념 · 시설 · 인력 · 지원장비 등에 대한 군수지원 가용성 및 운영유지비 절감 방안
4) 개발과정에서 설계변경이 요구될 경우에는 군수지원소요와 운영유지비 및 불가동시간의 최소화 방안
5) 무기체계 탐색개발과 체계개발단계 초기에 식별한 종합군수지원 소요
6) 효율적이고 경제적인 군수지원 소요 판단과 군수지원성 최적화를 위해 "연구 및 설계반영"에 대한 항목별 점검 및 검토는 무기체계별 특성에 따라 차이가 있다.

2 표준화 및 호환성

표준화 및 호환성은 무기체계 개발 및 획득할 때 소요되는 구성품, 소모품, 물자 등과 같은 재료와 설계, 시험평가, 운용 및정비 등과 같은 방법에 대하여 최대한 공통성을 유지시켜 장비 간의 군수지원이 용이하도록 군수지원 소요를 단순화하는 활동이다.

3 정비계획

정비계획은 무기체계에 대한 정비지원이 용이하도록 하기 위하여 필요한 지원요소를 개발하여 분석하고, 획득과정을 통하여 계속 개선될 수 있도록 추진하는 활동이다. 효율적 정비업무 개발은 실질적이고 구체적인 정비계획 설정에서 시작된다.

무기체계 개발 시 종합군수지원(ILS)요소를 중요한 분야로 판단 및 획득 및추진하는데, ILS 개발요소 중에서도 정비계획은 모든 요소의 중심이며, 가장 중요한 핵심 요소로써 원활하고 효율적인 정비업무 개발이 필요하며, 이를 구현하기 위한 정비개념 설정 또한 대단히 중요하다.

1) 정비개념 : 정비개념은 정비계획을 수립하고 실행하기 위한 기본적이고 실질적 과정이며, 구체적이고 현실적 개념 정립을 통하여 소요군의 야전 정비업무가 구현된다.

가) 정비개념은 무기체계의 운용개념을 기초로 무기체계의 기능분석을 통하여 설계 전에 수립되어야 한다. 이 경우 무기체계의 정비계단 구분, 단계별 정비방침 및 책임, 정비 허용시간, 정비지원여건 등을 포함하여야 한다.

나) 정비개념을 설정할 경우에는 정비계단 설정 및 정비지원 책임, 정밀·고가장비 등 장비의 특수성, 목표 운용가용도, 임무수행에 대한 무기체계의 긴요성, 무기체계운용과 군수환경, 운영유지비의 최소화 등을 고려한다.

다) 설정한 정비개념은 무기체계설계시 군수지원 가능성 판단을 위한 기초로 제공되고, 군수지원 소요판단과 정비계획수립, 정비할당표 작성을 위한 근거가 되어야 한다.

2) 정비업무량 추정 및 분석

가) 정비대상 품목의 정비인시에 대한 소요를 예측하고, 예측된 정비업무량에 대하여 수리와 교환으로 구분하며, 의도적인 정비행위(조정/검사/주유/정렬/교정/손질 등)를 포함하여 적정 정비계단을 설정하여야 한다.

나) 정비업무량 추정 및 분석은 연구개발주관기관이 수행하고, 소요군은 연구개발주관기관의 요구가 있을 때 관련 자료를 제공한다.

3) 창 정비요소 개발 계획

가) 연구개발장비의 창 정비요소는 완성장비와 구성품을 구분하여 창정비가 가능하도록 추진한다. 체계개발단계에서 창정비 개발계획(안)을 수립하여 차후 창정비 요소개발 사업을 추진할 때 기초자료로 활용한다. 창정비 요소 개발

은 창정비 개발계획(안)을 기초로 완성장비의 창정비도래 1년 전까지 완전한 창정비 능력을 구축하도록 창정비 방침과 창정비 요소 개발계획을 수립하여 개발한다.

나) 구매 장비의 창정비 요소 개발은 업체제안서에 창정비 능력 구축에 소요되는 기술자료 묶음의 지원이 가능토록 제안요청서에 반영하여 장비도입 전에 창정비 방침이 결정되도록 추진한다.

다) 함정[플랫폼(탑재설비, 파이프류/케이블류/선체 및 체결류 등)]의 창정비 개발계획서는 상세설계 및 선도함 건조단계에서 수립하고 향후 창정비 요소개발 사업 추진시 기초자료로 활용한다.

4) 정비지원시설 소요, 정비할당표

5) 정비지원을 위한 기술요원 주특기 소요 및 주특기별 기술수준

6) 정비대체장비 소요(완성장비 및 주요 구성품에 대한 정비대체장비)

7) 기능분류 및 지원책임

8) 하자보증 및 사후관리지원의 수행방법

4 지원장비

무기체계의 주장비를 운용하고 유지하는데 필요한 필수적/부수적인 장비로써 공구,계측기 및 교정장비, 성능측정 및 고장 검사장비, 취급장비, 정비장비 등을 말하며, 범용성 및 호환성을 유지시켜 현용 지원장비를 최대한 사용할 수 있도록 개발에 반영되어야 하며 다음 사항을 포함한다.

1) 시험측정 및 검사장비

2) 정밀측정장비, 계측기 및 교정장비

3) 구난차, 크레인, 지게차 등 물자취급장비

4) 발전기, 냉·난방기, 특수천막 등 보조장비·물자

5) 유류 및 탄약지원 장비

6) 근접 정비지원용 장비

5 보급지원

보급지원은 주장비와 동시에 획득 보급되어야 할 초도보급 소요와 운영유지를 위한 물자, 제원 등 이와 관련된 사항을 포함하며, 무기체계 운영유지 및 장비 및정비를 위한 수리부속을 중심으로 소모성 물자, 유류(경유, 윤활유 등), 기타 군수물자를 국방규격 및 관련 규정에 의거 주장비와 함께 획득하여 저장 및불출 등 보급제원 관리를 할 수 있도록 하며, ILS요소 개발을 통해 생성된 별도의 보급교범은 전력화시 장비 운영부대 및 정비부대에 제공한다.

또한, 동시조달수리부속(CSP)에 대한 품목별, 적정 수량의 제대별 보급조치는 CSP(동시조달수리부속)산출 전용 프로그램(OASIS-II)을 이용하여 대상품목, 체계MTBF, 목표운용가용도(Ao), 단가, 축선별 정비부대 정보, 품목별 재고량 등을 입력 후 소요를 산정하고, 운용시험평가 결과 및 유사장비 운용제원을 고려하여 종합군수지원 실무조정회의를 통해 보급소요를 확정한다. 다만, OASIS-II 사용이 불필요하거나 비경제적일 경우에는 종합군수지원 실무조정회의를 통해서 적용여부를 결정한다.후속 양산되는 무기체계의 CSP 소요는 CSP 소요산출용 표준소프트웨어인 OASIS-II의 산정결과와 선 전력화 장비의 야전운용제원, 기존 보급 재고 등을 고려하여 종합군수지원 실무조정회의를 통해 그 소요를 확정한다. 이때 동시조달수리부속의 사장품 발생 예방을 위하여 납품 후 일정기간 미사용한 품목에 대하여 재판매 또는 물물교환이 가능하도록 계약조건에 반영할 수 있다.

보급지원에서 고려되어야 할 요소는 다음과 같다.

1) 보급지원 및 지원절차 수립
2) 동시조달수리부속(CSP) 및 기본불출품목(BII)소요산정
3) 유사장비의 규정휴대량목록(PLL) 및 인가저장목록(ASL)운용실적
4) 정비용 공구 및 공구킷
5) 유류 및 탄약 소요
6) 제대별 보급저장수준 설정
7) 보급지원 활동을 위한 소요판단 및 편성

8) 보급지원을 위한 목록(List)및 제원 등

9) 후속군수지원 보장계획 확인 등

6 군수인력운용

군수인력운용은 무기체계의 운영유지에 소요되는 정비요원, 보급요원, 교육소요인력 등이 포함되며, 요구되는 기술 수준에 맞는 인력이 충원되도록 계획한다. 기술요원에 관련된 종합군수지원요소를 검토시 기술특기별 인력을 반영하여야 하며, 다음 사항을 군수인력운용에 포함한다.

1) 장비유지 및 지원을 위한 기술특기별 소요인력판단

2) 특수기술 및 위험한 기술에 대한 인력소요 판단

3) 기술요원 증감에 대한 경험제원

4) 무기체계 운영유지를 위한 편성인력의 기술특기별 충원계획

5) 학교교육을 위한 추가 교관 소요판단

7 군수지원교육

군수지원교육은 무기체계 및 장비의 효율적 운용유지를 지원하는데 필요한 기술수준 교육으로 소요인원을 훈련시키는데 필요한 훈련계획, 교육훈련 인원소요, 훈련장비 및 물자, 교보재 및 교육보조자료 등을 판단하여 개발소요를 제기하는 활동이다. 최근 교보재 형태는 컴퓨터를 활용한 CBT형 또는 멀티미디어형으로 개발하여 운용되며, 절개형 또는 완성장비 형태는 가용 예산범위 및 교육 효과성등을 고려하여 개발여부를 판단한다.

기술요원에 대한 교육훈련은 운용자 교육훈련과 상호 협조되어야 하며, 설정된 기술수준에 도달되도록 교육계획이 수립되어야 하며, 기술요원에 대한 교육훈련계획을 수립할 경우 다음 사항을 고려하여야 수립하고, 초도배치 전 교육계획을 수립하여 종합군수지원계획서(ILS-P)에 반영한다.

1) 종합군수지원 시험평가요원 및 교관요원 선발·훈련
2) 기술요원의 부대훈련 및 학교교육에 대한 소요판단
3) 주장비 및 지원장비에 대한 교육계획
4) 교육훈련 소프트웨어·훈련물자·장비·교육 교보재의 소요판단 및 개발
5) 교보재의 지원방안

8 기술교범

기술교범은 발간형태에 따라 책자형 교범, 전자식 교범 등으로 분류하고, 내용에 따라 정비 교범, 수리부속품 및 특수공구목록 교범, 정비 및 수리부속품 및특수공구목록 교범, 전장응급정비교범(BDAR), 창정비작업요구서(DMWR) 등으로 분류하며, 세부적인 분류기준은 기술교범 국방규격서에 따른다. 소요군은 연구개발주관기관에서 작성 검토한 기술교범을 "기술교범 국방규격서"에 의거 최종 확인, 검증 후 통합사업관리팀장에게 통보하고 통합사업관리팀장은 이를 검토하여 연구개발주관기관에게 통보하여 발간한다. 전자식기술교범(IETM)작성을 위해 국방기술교범 규격서 상 국방규격을 준용한다. 다만, 동일 무기체계의 경우 기 개발된 전자식기술교범과 호환성을 유지할 수 있도록 개발한다. 기술교범은 번역 · 발간기간과 시험평가 및 교육훈련시기 · 소요군의 검증시기 등을 고려하여 연구개발주관기관에서 기술교범을 사전 납품하도록 조치하되, 도입장비가 야전에 배치되기 이전에 운영부대에 보급될 수 있도록 한다.

9 포장, 취급, 저장 및 수송

포장, 취급, 저장 및 수송 요소는 무기체계 및 체계에 부속되는 구성품, 부품, 물자 등에 적용하는 포장, 취급, 저장 및 수송에 필요한 특성, 요구사항, 제한사항 및 이와 관련된 관리활동이다. 무기체계의 주장비 및 군수지원요소가 안전하고 경제적으로 포장, 취급, 저장 및 수송될 수 있도록 설계시에 반영하여야 하며, 수송형태는 체계개발동의서작성에 포함되어야 한다.

구매무기체계의 경우 차량 및 열차 등 수송문제, 항만 · 철도에서 적재 · 하역 등 취급에 관한 사항, 구성품 포장체계 및 저장에 관한 상세한 제원을 협상 및 계약시 확보하여 각 군에 통보하여야 하며, 획득하는 무기체계가 탄약, 유독물질 등과 같이 취급에 주의를 요하는 품목일 경우 제안요청단계부터사전 안전대책을 수립하여야 한다. 탄약체계는 연구개발사업의 경우 수명평가방법과 비군사화 안전처리절차를 개발하고, 구매사업의 경우 수명평가방법과비군사화 안전처리절차 작성에 필요한 기술자료 확보계획을 수립한다. 포장제원에 대한 작성 방법은 "포장제원표 작성 실무편람"을 참조하여 작성하며, 수송지침서는 기술교범 국방규격서를 참조하여 작성한다.

10 정비 및 보급시설

정비 및 보급시설이란 무기체계의 군수지원임무(저장 · 정비 · 보급 등)를 수행하는데 필요한 부동산과 관련 설비로, 무기체계의 획득과 병행하여 정비 및 보급시설 설계기준은 계속 보완 및 발전시켜야 한다. 정비 및 보급지원시설은 무기체계 수명주기간의 지속적인 관리를 위해 시설계획 수립 시 다음 사항을 고려하여야 하며, 정비 및 보급시설 소요를 무기체계 패키지 시설사업으로 포함하여 추진하여야 한다.

1) 현존 시설의 사용 · 개조 · 개량 가능성 판단
2) 주장비 정비에 필요한 정비계단별 정비시설 소요
3) 온도 · 습도 · 먼지 · 자기장 · 방사능 및 특수전원 등 정비시설환경에 관한 대책
4) 보급품 저장시설 소요 및 저장 환경

11 기술 자료 관리

종합군수지원 기술 자료는 크게 기술자료 묶음(TDP : Technical Data Package)과 운용제원으로 구분할 수 있고, 필요시 영상, 음향자료 및 전산자료를 포함하도록 하고 있다.

1) 기술자료 묶음(TDP)

가) 개발 및 생산제원 : 규격서, 도면, 부품 및 공구목록, 생산 공정도 및 제원, 시험평가 제원, 포장 및 수송제원, 지원장비 목록 등

나)운영 및 정비제원 : 주유명령서, 수정작업명령서, 창정비작업요구서, 검사·시험 및 교정절차, 설치지시서, 점검표 등

2) 운용제원

가) 수요제원 : 장비별, 품목별 수요량

나) 보급제원 : 기본불출품목, 지원장비, 탄약 등

다) 정비관리제원

라) 기술특기별 현황·교육훈련 제원 및 수준

종합군수지원 기술자료 관리를 위한 각 기관의 역할은 다음과 같다.

1) 사업관리본부 및 연구개발주관기관은 양산계약 이전에 기술자료 묶음을 국방기술품질원에 이전하며, 종합군수지원계획서에 따라 기술자료를 단계적으로 확보하고, 주장비 획득과 동시에 완료한다.

2) 사업관리본부는 연구개발주관기관으로부터 기술자료를 요구하여 확보하여야 하며, 연구개발 주관기관 및 국방기술품질원은 자체 보유중인기술자료 묶음을 관리 · 유지하며 필요시 관련기관에 제공한다.

3) 사업관리본부장은 소요군이 무기체계별 운용제원을 발전시켜 유지하도록 하며, 국방과학연구소 및 국방기술품질원은 관리하고 있는 기술자료를 전산화하여 관리하고, 관련기관의 요청이 있을 때에는 이를 제공한다.

부 록

01. 정비 관련 용어 해설
02. 기술교범 작성
03. 신뢰도 중심 정비(RCM)의 개념

Section 01. 정비 관련 용어 해설

■ 가동율(Available Rate)

- 생산능력에 대한 실제생산량의 비율
- 해당 장비의 총 운용시간에 대해서 불가동 시간을 제외한 가동시간을 판단하여 백분율로 표시한다.

■ 가용도 (Availability)

- 장비 총 시간에 대한 총 가용시간의 비율을 말하며, 어떤 체계가 정비를 거쳐 임의의 시점에서 가동상태에 있는 확률로서 신뢰도와 정비도에 의해 결정된다. 산출된 가용도 값은 장비의 전투준비태세를 평가해 주는 것으로 실제 장비를 운용하는 소요군의 입장에서 요구되는 사항이다. 또한 가용도는 운용환경에 따라 고유가용도, 달성(성취)가용도, 운용가용도로 분류된다.

■ 개량(Improvement)

- 품질이나 성능 등 구상적인 것의 결함을 고쳐 보다 좋게 한다는 뜻이며, 개선한다는 용어와 같이 사용한다.

■ 개조(Modification)

- 장비사용자의 안전, 전투 또는 비 전투시 장비의 능률향상, 생산, 재생 및 수리의 간소화와 고가재료 사용제거 등을 목적으로 장비를 일부 변경하여 결함을 수정 또는 개선하고 개정된 세부 목적에 합치시키는 작업을 말한다.

■ 개조작업명령(MWO : Modification Work Order)

- 장비의 개조(수정)지시로서 장비사용자의 안전, 전투 또는 비 전투시 장비의 능률향상, 생산, 재생 및 수리의 간소화 그리고 고가재료 사용제거 등을 목적으로 군수참모부장의 승인을 얻어 하달하는 작업명령이며, 이는 주로 장비개조 건의나 장

비제조회사로부터 통보를 근거로 작성된다.

■ 검사(Inspection)

- 어떤 기준에 따라 이상이나 부정의 유무를 살피고 조사하는 것
- 물품을 몇 개의 방법으로 시험한 결과를 품질 판정기준과 비교하여 개개 물품의 양품, 불량품의 판정을 내리고 또는 로트판정 기준과 비교하여 로트의 합격, 불합격의 수락여부를 내리는 것을 말한다.

■ 결함(Deficiency)

- 흠이 있어 완전하지 못함을 뜻하며 물자의 제 기능을 발휘 할 수 없는 장비의 결함 또는 역기능 상태를 말한다.

■ 결합체(Assembly)

- 두 개 또는 그 이상의 부분품을 연결 또는 합쳐서 하나의 품목이 된 것을 말하며, 이것은 수 개의 부분품으로 분해 할 수 있다. 예를 들면 캬브레타, 제네레타, 레규레타, 방아틀 뭉치, 노리쇠 뭉치 등이 대표적인 예이다.

■ 경제적 수리한계(ERL : Economic Repair Limits)

- 정비에 소요되는 비용과 정비후의 활용가치를 비교하여 정비 또는 재생비용이 어떤 한계금액을 초과하면 비경제적이라고 판정하는 한계점, 즉 정비여부 및 폐기를 결정하는 한계를 말한다.
- 수리(재생)에 소요되는 비용과 이에 대치되는 장비후 활용가치를 비교하여 정비여부 및 폐기를 결정하는 한계
- 경제적 수리한계 설정시 고려사항은 ①전술적 가치 ②경제적 이점 ③대치자금 획득가능성 ④정비시설 확장 ⑤타분야 활용도 등이 있다.

■ 고장(Stoppage, Failure)

- 기계가 원래의 기능을 수행하지 못하거나, 부서져서 가동이 정지된 상태를 말한다.

• 고장은 결과적인 개념으로서 부품의 기능이 정지하였거나 열화(劣化) 한계에 도달한 상태를 말한다.

■ 고장계통분석(FTA : Fault Tree Analysis)

• 품목의 고장을 발생시키는 Event와 그 원인과의 관계를 논리기호를 사용하여 나뭇가지 모양의 그림으로 나타낸 고장계통도를 만들고, 이에 따라 고장계통별로 시스템의 고장 원인을 Top-Down방식으로 분석하는 기법이다.

■ 고장유형 영향 및 치명도 분석(FMECA : Failure Mode Effectiveness & Criticality Analysis)

• 시스템을 구성하는 모든 부품의 고장유형을 식별하고, 고장이 기타 부품과 시스템에 미치는 영향과 고장 원인, 치명도를 Bottom-Up방식으로 분석하는 방법이다. 즉, 시스템이나 기기의 잠재적인 고장유형을 찾아내어, 기기의 가동에 영향을 미치는 고장모드에 대하여 적절한 대책을 세움으로써 고장을 미연에 방지하는 방법으로 FMEA와 CA(Criticality Analysis)의 통합 개념이다.

■ 고장률(Failure Rate)

• 특정 기간 동안 발생한 품목의 고장수를 같은 기간 동안의 총 운용시간으로 나눈 값으로, 단위시간(또는 운행거리, 사격발수)동안의 고장 발생횟수, 즉 MTBF (MKBF, MRBF 등)의 역수가 된다.

■ 관조정비(觀照整備, Contemplation Maintenance)

• 관조정비는 생산 또는 재생된 장비를 수령한 후 장비를 길들이기 위해 일정기간 저속운행과 잡유의 교환 작업 등을 실시하는 것을 말한다.
• 부대에서 새로운 장비를 수령한 때는 수령 즉시 해당 장비의 기술교범에 수록된 지침에 따라 관조정비를 실시한다.

■ 구성품(Component)

• 두개 이상의 결합체가 연결 또는 결합되어 한 개의 구성품 품목으로 독자적인 성

능을 발휘할 수 있지만, 외부에서 조종하거나 전원(電源)을 공급해 주어야 하는 품목이다. 예를 들면 엔진, 변속기 등이다.

■ 국가재고번호(NSN : National Stock Number)

• 부품의 식별 및 관리 목적을 위해 제정된 13자리 숫자의 기초 제원으로 품목분류, 국가부호, 품목 고유번호 등을 나타내고 있다.

예 미국 : 00,01, 영국 : 99, 한국 : 37등

■ 국방성탄약기호(DODAC)

• 미 연방 보급분류 급수에 탄약식별 기호를 추가한 기호

예 5.56mm 보통탄 1305-A071

■ 국방성식별기호(DODIC)

• 미 국방성 탄약 식별기호로써 사용 및 시설부대에서 통상 DOD 번호로 호칭

예 A071 · KA071 등

■ 군외(軍外) 정비

• 전경이나 정부단체 등에서 보유하고 있는 장비 중에서 군 보유 중인 장비와 유사한 장비로서 군에는 정비능력이 있으나 정부기관 또는 민간업체에는 정비능력이 없을 때 군에서 지원하는 정비를 말한다.

■ 군원 물자 및 장비

• 미국 측으로부터 무상군원으로 제공된 물자로 재산의 처리권한이 미국 측에 있는 물자 및 장비를 말한다.

■ 규정휴대량(PL : Prescribed Load)

• 편성부대 및 독립중대, 격리된 파견대(부대정비를 실시해야만 하는 격리된 통신소, 레이다 감시소 등)에서 부대정비를 위해 보유해야 할 15일분의 수리부속품과

인가된 특수공구를 유지해야 할 수량을 말한다.

- 규정휴대량 품목의 산정은 육본에서 발간 배포된 규정휴대량 목록 책자에 의거 산정하며, 산정된 규정휴대량은 재산대장 운영배당량에 연필로 기록하고, 사용 후 부족분 보충시 청구량 산정은 재산대장의 운영배당량 란에 기록된 수량에서 재산대장의 현 재고를 뺀 수량을 지원시설에 청구한다.

■ 규정휴대량 목록(PLL : Prescribed Load List)

- 편성부대 및 독립중대와 격리된 파견대에서 부대정비를 실시하기 위해 보유해야 하는 15일분의 수리부속품과 인가 공구를 말한다.

■ 근원정비복구성(SMR : Source, Maintenance& Recoverability) 부호

- 각 품목에 대한「획득, 수리, 폐기 권한」등을 5자리 영문자로 나타낸 부호이다. 최고 성능상태를 최소 비용으로 군수지원을 할 수 있도록 구성되어야 하며 사업관리기관, 소요군, 개발기관(국과연 및 업체)이 IPR 검토 후 군수제원점검회의 및 ILS-MT 등을 통하여 확정한다.

■ 근접정비(Close Maintenance)

- 속전속결의 현대전 양상에 부응하여 전투부대의 고장장비에 대한 후송부담을 없애고, 장비를 수리하여 전투현장에 신속하게 복귀시킬 수 있도록 정비부대가 가능한 입고정비를 지양하고 전투부대에 근접하거나 장비가 고장이 난 현장에서 정비임무를 수행하는 것을 말한다.
- 일반적으로 근접정비는 전투부대의 전술적 요구를 충족시키고, 정비부대에 부여된 임무를 효율적으로 수행하기 위해 실시한다.

■ 기본 불출품목(BII : Basic Issue Item)

- 주요 완제품을 구성하는 부수품, 부수장치, 구성품, 어셈블리 및 장비에 수반되는 1계단 정비 부수품, 공구 및 보급품, 예비 수리부속품 등을 말한다. 이들은 전부 사용자에게 불출하기 위한 완전한 주요 완제품의 구성요소이다. 이러한 품목들은

통상 차량 부수기재(OVM), 상비부속품, 예비 부속품으로 주장비와 동시에 보급되어야할 품목을 말한다.

- 완성장비를 전력화 시 즉각적인 운영유지가 가능하도록 주장비에 소요되는 각종 부수장비, 공구, 교범 등을 말하여 주장비와 동시에 보급되어야 한다.

■ 기술검사(Technical Inspection)

- 장비 및 무기의 계속 사용가능 여부 또는 수리의 필요성 여부를 결정하기 위하여 실시되는 검사를 말한다. 이것은 정비검사의 일종으로서 장비의 사용가능도 및 장차의 정비대상 장비의 소요를 판단하기 위한 것이며 부가하여 부대정비의 성과를 측정한다.

■ 기술교범(TM : Technical Manual)

- 군의 주요장비 및 물자의 설치, 운용, 점검, 정비 등에 관한 지식과 이에 필요한 수리부속품, 특수공구 목록 및 각종 전문적·기술적 기본원리에 대한 운용지침과 절차를 수록한 간행물을 말한다.

■ 기술회보(TB : Technical Bulletin)

- 기술교범에 포함되지 않은 장비, 물자, 탄약, 정비용 시험장비, 계측기 등의 운용, 정비, 보급에 관한 전문적인 기술자료와 지침을 제공하는 발간물로서 행정자료나 전술작전 및 훈련에 관련된 사항은 포함하지 않는다. 기술회보는 기술교범을 보충할 수 있으며 기술회보에 포함된 사항은 차후 기술교범에 수록될 수 있다.

■ 단위구조식 정비(Module Repair)

- 단위구조식 정비는 모듈화 된 부품(유사하거나 상이한 기능의 세부 부분품을 조합시켜 단일체로 표준화한 단위부품)에 대한 기능진단을 통해, 결함을 발견시는 모듈화 된 부품 전체를 교체하는 수리방법을 말하며 일명 모듈정비라고도 한다.
- 통상 단위구조식 정비는 모듈화 된 부품을 사용하는 전자, 통신장비, 특수무기 등의 장비를 수리할 때 적용된다.

■ 단위부대(Unit)

- 단위부대는 육군편제상의 부대 즉, 편성 장비표에 규정된 분대에서 군에 이르는 부대를 말한다.
- 군수 운영 면에서의 단위부대란 편성부대의 일부를 구성하는 부대로서, 편성부대의 재산을 관리하고, 개인지급품목을 분배받아 지급하는 군수품관리상의 최소부대를 말한다. 소총중대, 포대, 참모부, 처 · 부, 파견대 등이 단위부대에 해당된다.
- 편제표에 의거 편성된 부대로서 편성부대의 일부인 구성단위부대 군수자원을 직접사용하고 운영하는 최하위 제대(군수자원관리 행정 업무 미수행, 군수자원관리 실적업무만 주기적 보고)

■ 대분배(大分配) 계통

- 보급품이 생산업자로부터 군조직 내부, 즉 보급창에 이르는 보급추진 계통을 말한다. 대분배 계통의 보급수준은 조달주기(PC), 안전수준(SL), 조달소요시간(PROLT)으로 구성되며, 운임방법에 따라 계획소요(PR), 재생주기소요(RCR), 전쟁예비소요(WR), 저장목표(SO), 재청구점(RP), 청구목표(RO) 및 청구량(RQN) 등을 포함하여 운영할 수도 있다.

■ 도태

- 장비의 유지 비용대효과분석을 통하여 계속 사용하는 것이 비경제적이고 이와 상응한 타 장비가 개발되어 더 이상 사용하는 것이 비효율적이라고 판단, 폐기하는 것을 말한다.

■ 동류전용(Cannibalization)

- 사용 불가장비로부터 사용가능한 수리부속이나 부분품(구성품 및 완제품)을 제거하거나 취득하여 동일 종류의 장비를 수리하는 것을 말한다.
- 전장동류전용은 전술상황하의 전투지역에서 실시되는 동류전용으로 그 목적은 최대의 무기체계를 빨리 전장에 복귀시키는데 있다.

■ 동시조달수리부속품(CSP : Concurrent Spare Parts)

• 초도 보급되는 장비의 필수소요 수리부속품을 장비와 동시에 조달하여 효율적인 정비관리 및 장비유지를 도모하기 위한 수리부속품을 말한다. 무기 체계 및 장비 배치 시 주장비와 함께 보급되는 수리 및 예비부품으로서 배치 후 초기 일정기간 동안 재보급 없이 무기체계 및 장비에 주어진 운용임무를 상징 적으로 수행하기 위해서 필요한 지원품목을 말한다. 통상장비가격의 10% 범위 내에서 1년간의 유지소요를 장비와 동시에 조달하여 운용하며, 규정휴대량(PL)과 인가저장품목(ASL)의 보급수준도 정상적으로 운영하여야 한다.

■ 램 (RAM)

• 신뢰도(Reliability), 가용도(Availability), 정비도(Maintainability)의 약어로서 체계의 고장빈도, 정비업무량 및 전투준비태세 등을 측정하는 척도로 활용된다.
  - 신뢰도 : 어떤 체계가 주어진 환경 하에서 일정기간 동안 고장 없이 의도된 기능을 수행할 수 있는 확률로서 고장빈도와 관련된 요소이다.
  - 가용도 : 어떤 체계가 고장수리를 거쳐 임의의 시점에서 가동상태에 있는 확률로서 신뢰도와 정비도에 의해 결정되며, 어떤 장비가 불시에 임무를 받았을 때 가용될 수 있는 정도를 말한다. 운용환경에 따라 고유가용도, 달성가용도, 운용가용도로 분류한다.
  - 정비도 : 규정된 절차에 따라 정비를 실시할 경우 지정된 기간에 어떤 체계를 요구된 상태로 복구될 수 있는 확률로서 정비를 용이하게 할 수 있는 정도를 말한다. 이는 정비업무량과 관계되는 요소이다.

■ 무기체계(Weapon System)

• 하나의 무기(장비 포함)가 부여된 임무달성을 위하여 인원, 시설, 소프트웨어, 종합군수지원요소 그리고 전략, 전술 및 훈련 등으로 성립된 전체 체계

■ 모듈(Module)

• 기계 또는 시스템의 구성단위를 지칭하는 것으로서 복수의 전자제품이나 기계부

품 등으로 조립된 특정기능을 가진 작은 장치로서 부품과 완성품의 중간단계.

■ 병기(兵器, Ordnance)

- 전쟁시 사용되는 무기, 탄약, 기타 각종기계, 자재를 총칭
- 모든 종류의 전투용 화기와 그의 사용을 위한 탄약, 장비, 차량, 수리공구 및 기계와 같은 군수품을 총칭하며, 또한 이러한 군수품을 취급하는 군의 한 병과이다.

■ 보강지원

- 보강지원은 전술상황이나 기타 여러 원인으로 특정정비부대 책임지역 내에 다량의 정비소요가 발생하여 자체정비 능력으로는 요망되는 시간 내에 이를 감당할 수 없을 때 타 정비부대가 이의 부족한 정비능력을 보완해 주는 지원형태를 말한다.

■ 보급 (Supply)

- 군 임무수행을 위하여 필요로 하는 재화를 사용부대에 공급하여 주는 일체의 행위. 군수물자의 소요판단, 획득, 저장, 분배, 처리에 관한 모든 업무

■ 보급품

- 군을 장비하고 유지하며 운영하는데 필요한 모든 품목
- 종별 보급품의 분류 : 1~9종

구분	주 요 내 용
1 종	주식류, 부식류
2 종	통신 : 228, 피복 및 장구류 : 641, 기타 : 528
3 종	유류/용기 : 90, 화학약품 : 305, 화학물자 : 50
4 종	건설, 축성자재
5 종	탄약, 화약, 폭약류
6 종	P.X 판매품
7 종	완성 장비류
8 종	장비 : 1,563, 수리부속 : 2,618, 약품류 : 5,497
9 종	부속 : 131,000 정비재료 : 479 수공구 : 14,233
계	

■ 보급목록(SC : Supply Catalog)

- 군수 보급 계통에서 반복적인 조달, 분배 및 불출이 이루어지는 보급품목에 관한 품목식별 및 관리 자료를 수록한 발간물을 말하며 청구 및 분배에 대한 지침으로 활용.

■ 보급회보(SB : Supply Bulletin)

- 군수보급제원 보급품 획득 내용, 협정 및 통제권 품목표와 같이 보급분제에 관한 기술적 지시와 정보사항을 수록하여 전달하는 발간물을 말하며 행정 보급 지시는 포함되지 않는다.

■ 복구(Recondition)

- 복구는 사용 불가능한 장비를 사용 가능한 상태로 되돌리기 위해 취해지는 제반 조치로서 수리 또는 구난 활동을 통해 이루어진다.
- 전투지역 장비고장 현장에서 이루어지는 복구활동, 즉 현장복구는 현장정비와 동일한 의미로 사용된다.

■ 복구성(SMR) 부호

- SMR 부호의 다섯째 자리. 사용 불가능한 품목들에 대한 처리 방향을 지시하기 위해서 제시되는 부호('예'Z : 수리불가 품목이며, 사용 불가 시 세 번째 위치에 지시된 정비계단에서 폐기 처분)를 말한다.

■ 복구성(R) 품목(Recoverable Item)

- 특정 품목의 관련병과 또는 기능에서 수리할만한 가치가 있다고 인정한 물품을 말하며 재생 가능품 이라고도 한다.
- 수리부속품 중 야전에서 사용불가, 조달이 곤란하거나 비경제적일 때, 통상적 수리한계를 초과하더라도 재생이 가능하면 수리 또는 재생하도록 군수사령관이 결정한 주요 구성품 및 결합체를 말한다.

■ 부대 분배

• 보급품을 상급부대나 지원시설부대 인원 및 차량으로 수령부대까지 보급품을 추진 보급하는 분배방법을 말한다. "보급소분배"와 대응되는 개념이다.

■ 부대정비(Organizational Maintenance)

• 부대정비라 함은 장비 및 물자를 보유하고 사용하는 부대에서 부대장 책임 하에 편성장비표에 의한 인원과 공구를 활용하여 점검, 손질, 주유, 보존, 조정, 그리고 간단한 수리 및 결합체의 교환 등의 운용부대 정비병이 수행하는 정비이다. 결함 발생을 방지하는 예방정비에 중점을 두고 실시하는 정비활동으로 결함이 발생하면 부대정비 사항은 고장정비를 실시하고 정비계단을 초과하는 결함일 경우 야전정비 지원부대에 의뢰하여 근접정비지원을 받거나 입고정비지원을 받는다.
• 부대정비는 사용자 정비와 정비병 정비로 구분된다.

■ 부품

• 구성품, 결합체, 부분품을 통칭한 것을 말한다.
  - 부분품(Parts) : 볼트, 너트, 핀 등 한 개의 품목이 그 이상 분해될 수 없거나 또는 그 품목을 더 이상 분해하는 것이 실질적으로 불가능한 최소단위 품목을 말한다.
  - 결합체(Assembly) : 증폭기, 방아틀뭉치, 노리쇠뭉치 등 두개 또는 그 이상의 부분품이 서로 연결되었거나 서로 관련되어 뭉쳐진 품목을 말한다.
  - 구성품(Component) : 엔진, 변속기 등 두개 이상의 결합체가 연결 또는 결합되어 한 개의 물체로 구성된 품목. 외부에서 조정하거나 전원공급시 독자적인 성능을 발휘할 수 있는 품목이다.

■ 부분품(Parts)

• 파괴하거나 본래의 사용가치를 감소시키지 않고서는 보통 분해할 수 없는 낱개 물건
• 한 개의 품목이 그 이상 분해될 수 없거나 그 품목을 그 이상 분해하는 것이 실질적으로 불가능한 최소단위의 품목을 말한다. 볼트(Bolt), 너트(Nut), 와셔

(Washer), 핀(Pin) 등을 그 예로 들 수 있다.

■ 분해수리(OVHL : Overhaul)

- 기술발간물(창 정비작업요구서, 기술교범)에 명시된 정비기준에 의거 정비허용 한계까지 완전 분해, 검사 및 수리 등을 통하여 완전 사용가능 상태로 복귀시키는 정비행위를 말한다. 즉 결합체, 구성품을 분해하여 검사, 부분품 교환, 세척, 윤활, 연마, 도금을 실시하고 작동점검을 통하여 최종검사로써 한 품목을 완전 사용가능 상태로 복구시키는 것을 말한다.

■ 분해 폐기율(DMR : Disassembly Mortality)

- 폐기율 중에서 기본품목을 제외한 기타 모든 부속의 폐품 발생율이다.

■ 불가동 장비(D/L Equipment : Dead Line Equipment)

- 파손, 고장 또는 수리가 필요하기 때문에 사용이 불가능한 장비 및 긴급 수정작업을 요하는 장비.
- 긴박한 전투상황 하에서는 사용이 가능하더라도 아래 장비는 D/L로 간주한다.
  - 안전에 유해로운 장비
  - 계속 사용으로 심한 결함을 초래케 하는 장비
  - 부대정비를 요하는 불가동 장비(부대D/L)
  - 정비지원시설에서 정비를 요하는 장비(시설 D/L) 단, 기지 후송된 장비는 D/L 개념에서 제외한다.

■ 불출예정(D/O : Due Out)

- 재고량 부족으로 불출 할 수 없으나, 수입되는 대로 장차 불출하도록 기록계정 된 것

■ 비군사화(Demilitarization)

- 장비 및 물자가 지니고 있는 군사적 특징을 제거하는 행위로서 군사목적으로는 더 이상 사용할 수 없도록 해제, 절단, 폭파, 소각, 변조 등의 조치를 취하는 것을

말한다.

■ 비용대 효과분석 (COEA : Cost Effectiveness Analysis)

- 무기체계 획득에서 운영유지, 도태에 이르기까지 투입되는 수명주기비용과 동기간에 걸쳐 발생되는 측정 가능한 편익 및 측정할 수 없는 효과 등을 종합 비교분석하는 의사결정지원 활동을 말한다.

■ 비인가 저장 품목(N-ASL : Non-Authorized Stockage List)

- 기준 수요 빈도에 미달되는 품목으로 보급부대 및 보급창에서 재고수준으로 보유하지 않는 품목을 말한다.

■ 비축(備蓄) 장비

- 전시 즉각적인 재보급을 위해 평시부터 확보 저장 관리하고 있는 장비

■ 비표준 장비(Nonstandard Equipment)

- 작전요구 성능을 충족할 수 없고 경제적으로 부적합한 장비로서 도태계획에 의거 처리해야 할 장비 및 교육 훈련용으로 가용한 장비도 비표준장비로서 완제품 및 부품의 조달이 불가능하고 동류전용으로 유지되는 장비.

■ 사용자 정비(User Maintenance)

- 장비를 조작하고 운용하는 자가 장비 사용 전, 사용 중, 사용 후에 실시하여 결함을 예방하고 조기에 결함을 발견하는 간단한 정비로서 장비기능을 복귀시키는 행위이다.
- 운용병 · 승무원(Crew)에 의해 실시되며 고도의 기술이 요구되지 않는 조정이나 소모성 품목의 교환, 기본불출품목이나 추가인가품목으로 수리할 수 있는 정비를 말한다. 부대정비공구나 지원장비가 필요하지 않는 단순 정비이다.

■ 3군 상호 정비지원(국방 공통장비 정비 지원)

- 주 수요군 장비 위주로 기존 각 군 정비시설을 상호 이용하여 경제적인 지원을

받는 지원을 말한다.

■ 상용 장비(Commercial Equipment)

- 상용 장비는 특정모델을 지정하지 않으나 아래와 같은 장비를 말한다.
  - 민수용으로 생산 제조된 장비를 군사용으로 획득하여 사용하려는 장비
  - 민간 정비시설에서 유지부속품 획득과 정비가 수명 주기기간 가능한 장비
  - 동일한 목적의 기능을 가진 장비로서 유사모델을 보유하여도 임무수행이 가능한 장비
  - 군직 정비가 불가능시 업체 외주정비가 가능한 장비
  - 편제장비 인가수가 소량이며 여러 지역에 분산되어 운용되는 장비

■ 설물(屑物, Scrap)

- 그 물자를 구성하는 기본적인 원질 외에는 경제적 가치가 없는 물자를 말함. 설물은 물질의 형태에 따라 식별되며 중량에 의하여 처분 또는 재분배되는데, 고철류, 폐지류 등이 이에 해당됨.

■ 소모품

- 그 품목의 사용 용도에 따라 소모됨으로써 원형의 상실로 인한 원상회복이 불가능하여 재차 동일 목적으로 사용할 수 없는 품목

■ 소분배(小分配) 계통

- 대분배 계통에 이어지는 군 조직 내부의 보급계통. 즉 군수사령부로부터 보급품 사용자에 이르기까지의 보급계통

■ 소요(Requirements)

- 통상적인 개념은 요구되거나 필요한 량(量)을 말하며 광의(廣義)의 소요란 필요한 것을 뜻한다. 군에서 승인된 군사목표, 임무 또는 책임을 완수할 수 있는 능력을 갖출 수 있도록 적절한 자원배분을 합법화하는 확실한 필요성이라 할 수 있다.

- 협의(狹義)의 소요란 "어떤 부대가 일정기간 또는 시기에 어떤 임무를 수행하기 위해 필요한 지정된 품목의 총수량"을 뜻하나. 이는 조직체, 임무 또는 기능, 시간, 품목 및 수량의 다섯 가지 요소가 포함되며 한 가지라도 빠지면 소요산정이 부정확 해진다.
- 기능수행을 위하여 소요란 일정한 기간, 또는 시점에서 필요한 품목의 총수량을 말한다. 소요는 장차 예상치이며, 수요(Demand)는 과거의 경험치이다. 소요는 수요로 발전하며, 소요판단은 과거의 실적치인 수요를 근거로 산정된다. 통상적으로 소요란 특정시기 또는 특정기간에 있어서 인원, 장비, 보급, 자원, 시설 또는 근무지원이 특정한 량만큼 필요하다는 것을 표시하는 계획을 말한다.

■ 수리(Repair)

- 파손되었거나 사용 불가능한 부속품 및 결합체를 검사, 분해, 손질, 용접, 조정, 교환함으로서 사용 가능한 상태로 복구시키는 것을 말한다.
- 민수업체에 수리 의뢰시 외주수리라 한다.

■ 수리부속품

- 완제품의 장비정비를 위하여 필요한 부속품
  - 부분품 : 한 개의 품목이 그 이상 분해 될 수 없거나 분해하는 것이 실질적으로 불가능한 최소단위 품목(예 볼트, 너트 등)
  - 결합체 : 2개 이상의 부분품으로 서로 결합되었거나 관련되어 1개의 물체로 뭉쳐진 부품으로 이는 부분품으로 분해할 수 있는 것.
  - 구성품 : 2개 이상의 결합체가 연결 또는 결합되어 1개의 물체로 구성되어 독자적인 성능을 발휘 할 수 있지만, 외부에서 조정하거나 전원을 공급해 주어야 하는 품목

■ 수명주기(Life Cycle)

- 어떤 품목의 요구 혹은 필요성의 인정으로부터 운용개념 형성, 소요제기, 개발(시험포함), 생산(양산), 운용유지, 도태 및 폐기까지 거치는 전 단계를 말한다.

■ 수명주기비용(LCC : Life Cycle Cost)

- 하나의 장비를 개발, 획득하여 운영유지 및 도태 시까지 소요되는 전체 비용을 말하며, 연구개발비, 투자비, 운영유지비 등이 포함된다.
  - 연구개발비 : 체계를 연구개발 하는데 소요되는 비용으로 연구비, 시제품 개발비, 시험평가 및 최초 운영능력 확인 시까지 모든 비용이 포함된다.
  - 투자비 : 장비의 소요량을 생산하고 운영을 위해 필요로 하는 제반 비용을 말하며, 장비생산비, 시설비, 초기단계의 군수지원비용 등이 포함된다.
  - 운영유지비 : 장비가 야전 배치되어 도태될 때까지 소요되는 비용으로 인력운영, 수리부속, 탄약, 연료, 정비비 등이 포함된다.

■ 수입예정(D/I : Due In)

- 청구한 보급품 중 지원시설 부대로부터 장차 수입될 상태.

■ 수요(Demand)

- 경제학의 개념에서는 일정한 시장에서 일정한 가격으로 요구되는 상품의 량(수량)을 말하며 구매력을 동반할 때 이를 유효수요라 한다. 군 보급에서의 수요란 발생된 품목별 필요량 또는 청구량 중 불출할 필요가 인정된 품목별 수량을 뜻한다. 그러나 통상 청구서를 처리하여 불출 할 것으로 결정된 수량을 수요로 간주한다. 품목별 발생된 필요량 또는 청구량 중 불출할 필요가 인정된 품목별 수량을 말함. 통상 청구서를 처리하여 불출할 것으로 결정한 수량(불출량+불출예정량)

■ 수요예측(Demand Forecast)

- 과거의 수요 제원에 입각하여 장차의 수요량을 예측하는 것을 말한다. 수요예측방법은 통상 목측법(Free-Head Method), 정반평균법(Semi-Average Methode), 이동평균법(Moving-Average Method), 지수 평활법(Exponential Smoothing Methode), 가중법(Weight Method), 기술적판단법(Engineer Estimated Method), 최소자승법(Least Square Method), 종합평가기법 등 추세 분석기법을 이용한다.

■ 수정작업명령(MWO : Modification Work Order)

- 정비 개조 지시로서 이는 사용자의 안전, 전투 및 전투용으로서의 능률 향상, 생산, 재생 및 수리의 간소화, 고가재료 사용의 제거 등을 목적으로 하며, 불량장비 보고를 기초로 하여 기지정비소에서 작성, 하달한다.

■ 순환정비(Recurring Maintenance)

- 순환정비는 장비의 수명유지 및 성능 발휘 보장을 위하여 장비상태 검사를 통하여 주기적으로 실시하는 계획정비로서 순환정비 시에는 순환정비 대충장비로서 사전에 사용부대에 불출한 후 정비대상 장비를 후송하여 정비한 후 해당 장비를 원소속대로 반환한다. 순환정비는 야전 순환정비와 창순환 정비로 구분되며, 야전정비부대 또는 창정비부대의 능력과 순환정비 소요를 고려하여 사전에 정비계획을 수립한다. 순환정비 대상 장비의 선정 권한은 군수참모부장에게 있으며, 야전 순환정비는 통상 일반지원부대에서 실시하고, 군수지원사령관이 정비계획을 수립하여 지시한다. 그리고 창 순환정비는 창 정비부대에서 실시하며, 정비계획은 군수사령관이 수립한다. 이때 필요한 경우에는 군과 협조하고 해당 군사령관은 계획실시에 차질이 없도록 대상 장비를 후송하여야 한다. 순환정비를 위한 장비후송은 반납장비와 구분되며, 따라서 부수기재 등의 부착은 후송 간 장비보호 및 정비필수 기재에 국한한다.

■ 시설부대

- 군수지원을 주 임무로 하고, 주 임무를 수행하는데 필요한 전문적인 시설을 갖춘 부대를 말하며 지원부대와 동일한 의미로 사용된다.

■ 신뢰도(Reliability)

- 어떤 체계가 주어진 환경 하에서 일정기간 동안 고장 없이 의도된 기능을 수행할 수 있는 확률로서 고장빈도와 관련된 요소이다.

■ 신뢰도중심정비(RCM : Reliability Centered Maintenance)분석

- 체계의 신뢰도 유지에 중점을 둔 정비 분석체계로 고장유형 및 영향분석 결과를

RCM 논리에 적용하여 각 고장유형 및 품목에 대하여 고장예방을 위한 예방정비 업무의 필요성과 적합성을 분석하여 예방정비 대상품목과 주기를 설정한다.

■ 아이론 정비(IROAN : Inspect & Repair Only As Necessary)

- 아이론 정비라 함은 정비작업을 실시하기 전에 정확한 검사로서 반드시 필요한 부분만 정비함으로서 장비의 불필요한 분해로 인한 고장확대를 방지하는 동시에 정비비용을 최대한으로 절감하는 정비방법을 말한다. 즉 수리정도를 검사를 통하여 결정한 다음 불필요한 분해수리를 억제하여 최소한의 노력과 비용으로 설정된 정비수준을 달성하는 경제적인 정비를 말한다.

■ 야전정비(Field Maintenance)

- 야전정비라 함은 부대정비 능력이 초과되거나 정비계단이 초과되는 정비를 담당하는 야전 정비 지원부대에서 실시하는 정비이다. 사단의 정비대대(근무대), 군수지원사령부의 정비대대, 군지단의 정비 근무대 등은 야전정비 지원을 위하여 편성된 전형적인 정비부대로 검사, 조정, 개조, 결합체 분해수리, 구성품 교환 등 일정한 기술수준이 요구되고 특수 정비용 장비 및 공구를 필요로 하는 정비이다.
- 정비지원 방법은 근접정비지원, 직접정비지원, 일반정비지원, 보강정비지원 등의 형태로 편성부대를 지원한다.

■ 야전정비종결(Field Maintenance Close)

- 군에서 사용 중인 장비 및 물자에 대해서 야전에서 정비종결 후 폐 처리를 실시함을 말한다. 야전 정비 종결 대상품목을 확대시행 함으로서 정비소요시간을 단축하고 후송에 따른 제반 경비를 절감하는데 있다.

■ 연구개발(R&D : Research and Development)

- 무기체계 획득방법 중 하나로서 우리가 보유하지 못한 기술을 국내단독 또는 외국과 협력하여 공동으로 연구하고, 연구된 기술을 실용화하여 필요한 무기체계를 생산 · 획득하는 방법을 말한다.

• 연구개발은 형태에 따라 다음 각 호와 같이 구분하며 국제기술협력을 포함하여 추진할 수 있다.

- 국외기관 참여여부에 따른 분류 : 국내연구개발, 국제공동연구개발
- 비용분담에 따른 분류 : 정부투자 또는 업체투자 연구개발, 정부 · 업체공동투자 연구개발
- 개발수행 주관기관에 따른 분류 : 국과연 주관 연구개발, 업체주관 연구개발

■ 예방정비(PM : Preventive Maintenance)

• 장비 및 보급품을 항시 사용이 가능한 상태로 유지하고, 조기에 결함을 발견하여 이를 시정하기 위한 검사, 점검, 손질, 조정, 주유를 체계적으로 실시하는 정비를 말한다.

• 일반적으로 예방정비를 통하여 장비 및 보급품에 대한 결함이 조기발견 및 고장 확대 방지, 수리부속의 소요감소, 상급정비시설로의 후송 및 입고정비를 억제할 수 있으며 장비 및 보급품의 기준수명을 유지할 수 있다.

• 예방정비는 수시 정비와 계획정비로 구분되며 계획정비에는 주간, 월간, 분기, 반년정비 등이 있다.

■ 완제품 (End Item)

• 수리부속품이 아닌 체계 전체를 말한다. 함정, 전차, 총포, 피복 또는 항공기 등과 같이 운용 목적을 위해 곧 사용할 수 있는 최종 완성품이 이에 해당한다.

■ 외주정비

• 외주정비는 군 정비부대에서 정비가 불가능하거나, 품질보장도가 높고 경제적인 경우에 국내의 민간 생산업체 또는 정비업체의 정비의뢰 하는 것으로 외주재생과 외주수리로 구분한다.

■ 이동정비(Mobile Maintenance)

• 이동정비는 정비지원부대가 정비요원과 정비용 공구, 기재, 수리부속품을 구비한 정비용 차량으로 사용부대를 순회 방문하여 현지에서 실시하는 정비활동을 말한다.

- 이동정비는 사전 수립된 계획에 의거 기술검사와 병행 실시하거나 또는 사용부대 요청에 의거 실시할 수도 있다.

■ 인가저장품목(ASL : Authorized Storage(Stockage) List)

- 보급지원시설부대에서 현 보급운용을 지속하고, 장차 예측되는 소요를 충당하기 위하여 항시 저장하도록 인가된 보급품의 총 목록을 말한다. 항시 창고에 재고로 유지되기 때문에 일명 상비성재고품(常備性在庫品)이라고 하며, "ASL품목"이란 약어로 통칭되고 있다.
- 인가저장품목의 목록을 "인가저장목록(ASL : Authorized Stockage List)"라 하며 지원부대 인가저장목록, 군수사령부 인가저장목록 등이 있다.

■ 일반지원(G/S : General Support)

- 어떤 특정부대에 대해서만 지원하는 것이 아니라 지원 대상부대 전반에 대해 실시하는 지원으로서 이는 전투지원 및 전투근무지원 부대에 부여되는 임무이다.

■ 일반지원정비(G/S Maintenance)

- 한 정비부대가 여러 개의 야전 정비부대를 지원하기 위하여 고도의 정비기술능력과 정비시설, 정비대충장비(M/F) 및 공구, 수리부속을 확보하고 야전정비부대에서 수행 할 수 없는 정비업무를 수행할 수 있도록 편성된 부대로, 정비창과 군수지원사령부 일반지원중대에서 지원하는 정비지원형태이다.
  - 일반지원 정비부대는 정비지원 책임 내에 있는 직접지원 정비부대, 수집소, 보급부대 그리고 보급창으로부터 수리할 장비를 수집하여 정비한다.
  - 일반지원 정비부대는 직접지원부대의 능력을 초과하는 업무를 지원함으로서 직접지원부대의 정비운용에 필요한 기동성과 정비능력을 보장해 준다.
  - 통상 일반지원 정비부대는 장비의 완제품을 수리하고 결합체의 분해수리를 실시한다. 즉 직접지원 및 일반지원 정비활동은 경제적이고 더욱 바람직할 때에는 통합될 수도 있다.

■ 임무필수정비(MEMO : Mission Essential Maintenance Only)

- 임무필수정비란 전장지역에서 고장이 난 장비를 수리할 대 부대가 처한 전술적 상황에 신속히 대처할 수 있도록 최소한의 임무수행만이라도 가능한 상태로 복구시키는데 중점을 두고 실시하는 정비를 말한다.
- 임무필수정비는 적과의 교전 상태 하에서나 교전 간에 고장이 난 장비를 완전한 상태로 복구시키기는 곤란하나 장비의 최대성능이나 부분적인 기능을 줄여서라도 신속히 전투에 투입하여야 할 필요성이 제기될 때 정비지휘자가 장비사용 부대와 협의하여 실시한다.

■ 입고정비(Warehousing Maintenance)

- 사용부대(편성부대)장비 중 부대정비능력을 초과하거나 정비계단이 초과하는 결함장비를 야전정비부대에 입고하여 실시하는 정비를 말한다.
- 입고정비는 일반적으로 표준정비절차에 의해 실시되며, 수리된 장비는 출고후 일정한 성능상의 품질이 보장되어야 한다.

■ 잉여품

- 육, 해, 공군을 포함한 국방관서 및 중앙관서에서 현재 소요되지 않는 초과재산을 말한다. 잉여품은 사용 가능품과 사용 불가품으로 구분하여 사용가능품은 다시 수리 후 사용 가능품과 수리 불가품으로 구분한다.

■ 자동보급

- 사용부대의 청구 없이, 보급품의 예상되는 소요 또는 과거실적과 기준에 따라 일정기간동안 자동으로 불출되는 보급제도

■ 장비수정작업

- 장비개선 또는 장비 제작회사의 통보에 의거 사용자의 안전과 장비관리 운용효과를 향상시킬 목적으로 기 보급된 장비의 일부분을 수정하는 것을 말하며 이는 수정작업명령서에 의거 실시한다.

■ 재산대장

- 편성부대 및 독립된 단위부대에서 각종 보급품을 거래할 때 반납을 요하는 재산, 소모품 및 수리부속품에 대하여 증가 및 감소 현황을 기록하는 문서.

■ 재생(Rebuild)

- 사용 불가능한 장비 및 결합체를 해체하여 사용 불가능한 품목을 수리 또는 교환하여 재결합함으로서 장비 및 결합체의 형태, 성능 및 수명을 신품 또는 신품에 준하는 수준으로 복구시키는 행위를 말한다. 재생은 ① 외관 및 기능을 원상태에 근접하도록 복구하거나 ② 수명측정 기준 (시간, 거리)을 "0" 상태로 바꾸는 활동을 포함한다.

■ 적정 재고수준

- 수요를 가장 경제적으로 충족시킬 수 있는 재고량을 말한다. 수요를 100% 충족무제한의 재고확보로서 지원하는 것이 아니라 재고투자의 절감이라는 경제성과 적기 수요충족이라는 효과성을 동시에 만족시키기 위한 재고수준이며, 계속공급원칙과 경제성 확보원칙 이라는 두 가지 원칙이 균형을 이루는 점에서 성립된다.

■ 전장구난(Battlefield Recovery)

- 전장구난이란 전장에서 발생된 불가동 장비 즉, 고장장비, 기동 불가능 장비, 유기장비 등을 가동상태로 복구시키거나 차후의 활용과 처리를 위하여 일정한 장소로 이동시키는 제반 활동(수리, 인양, 이송)을 포괄적으로 의미한다.
- 전장구난의 목적은 불가동 장비에 대한 전투복귀를 촉진시키고, 아 장비의 적 노획을 방지하며, 적성장비 및 물자의 노획을 통한 정보획득, 그리고 전장정리를 통한 아군작전 수행에 기여하는데 있다.

■ 전장응급정비(BDAR : Battlefield Damage Assessment & Repair)

- 전장응급정비는 전술상황하에서 불가동 장비를 조기에 작전에 복귀할 수 있도록 하는 기술을 말하며, 이 기술에는 검사 및 시험을 통한 장비의 상태 평가와 수리 또는 후송할 장소 결정, 고장부분의 수리절차 등이 포함된다. 전장응급정비에 대

한 기술적 절차는 해당 장비의 BDAR 교범을 참고할 것

■ 전투근무지원(Combat Service Support)

- 전술 및 전략에 포함되진 않는 군사면의 제반지원, 즉 행정 및 군수분야 활동으로서 전투, 전투지원, 전투근무지원 부대에 대하여 임무수행에 대한 모든 지원, 즉 인원, 장비, 물자, 시설 및 자금을 통제관리 및 제반근무를 제공하는 것이다. 이는 군수, 인사(행정근무, 군종, 경리, 법무, 입원 및 후송, 헌병, 보충), 민사(군정, 군사작전지원), 기타분야(정훈) 등이 포함된다.

■ 정비(Maintenance)

- 정비라 함은 장비 및 물자를 항상 사용 가능한 상태로 유지하거나, 사용 불가능한 것을 사용 가능한 상태로 복구시키는 일체의 행위를 말한다. 정비행위는 장비 및 물자를 사용 가능상태로 유지하는데 필요한 손질, 검사, 수리, 재생, 시험, 수정의 행위를 포함하고 있다.
- 전투근무지원시 정비기능에는 장비 및 물자를 정비하고 사용 불가장비에 대한 후송소요를 결정하는데 관련된 계획과 운영이 포함된다. 정비범위에는 장비 및 물자의 개선, 파손 및 마모의 방지, 사용 불가품의 복구나 처리 건의, 후송 소요의 결정, 수리부속품의 지원을 위하여 취해지는 모든 작업이 포함된다.

■ 정비계단(Echelon of Maintenance)

- 정비계단은 정비행위별(검사, 교환, 시험, 조정, 수리, 재생)로 요구되는 기술적 수준으로서, 특정장비나 구성품, 결합체, 부분품을 정비함에 있어 소요되는 장비 및 공구, 수리부속의 사용이 허용된 최저 정비책임부대를 나타낸다.
- 장비 및 물자의 효율적인 정비를 위하여 정비계단을 5계단으로 구분하여 설정하고, 계단별 정비작업제대와 작업범위를 해당장비의 기술교범의 정비할당표에 수록하고 있다.

■ 정비대충장비(M/F : Maintenance Float)

- 정비대충장비는 정비지원시설에서 즉시 수리가 불가능하거나 정비기간으로 인해 장비를 장시간 운용하지 못함으로서 발생되는 전투력의 공백을 방지하기 위하여 대충용으로 정비지원부대에서 저장, 운용토록 인가한 완성장비 또는 구성품을 말한다. 완성장비에 대한 M/F 및 주요 구성품에 대한 M/F로 구분하여 확보한다.
- 정비대충장비는 야전정비시설에서 운용하는 운영준비대충장비(ORF : Operational Readiness Float)와 순환정비 소요를 대충하기 위하여 창급 정비시설에서 운용하는 순환정비대충장비(RCF : Repair Cycle Float)로 구분된다.

■ 정비수집소(MCP : Maintenance Collection Point)

- 정비수집소는 현장지역이나 하급제대 정비시설에서 수리할 수 없는 장비를 회수하여 정비하기 위해 상급정비부대가 설치한 정비 및 수집시설로서, 통상 전술적 상황과 지원 거리를 고려하여 피지원 제대와 지원제대의 중간 지역에 설치 운영한다.
- 정비수집소는 장비사용부대가 운용하는 부대정비수집소와 야전정비지원 부대에서 운영하는 야전정비수집소로 구분되며, 통상 피해, 고장장비의 회수, 진단 및 수리, 동류전용, 후방 정비시설로의 이송 및 후송기능을 수행한다.

■ 정비인시

- 정비공 한사람이 한 시간 동안 할 수 있는 작업량을 표시하는 작업량의 측정단위이다. 즉 정비공의 능력은 개인마다 차이가 있기 때문에 정비작업시 정비공의 기술수준을 숙련공(1.00), 준 숙련공(0.75), 미숙련공(0.50)으로 분류하여 정비할 수 있는 작업량을 표시하는 측정단위로서 숙련공 1명이 1시간동안 실시하는 작업량을 1인시라 한다. 예를 들어 숙련된 정비공 한 사람이 8시간동안 작업을 하였다면 8인시가 된다.

■ 종합군수지원(ILS : Integrated Logistics Support)

- 장비의 효율적이고 경제적인 군수지원을 보장하기 위하여 소요제기 시부터 설계 · 개발 · 획득 · 운용 및 폐기 시까지 전 과정에 걸쳐 제반 군수지원요소를 종합적으로 관리하는 활동이다.

■ 주유명령서(LO : Lubrication Order)

• 반드시 주유를 하도록 지시하는 명령서를 말하며, 이에는 주요개소, 주유량, 윤활유의 종류 등이 명시되어 장비별로 발행한다.

■ 지원부대

• 사단 정비대대, 군수지원사령부 예하 정비대대 등 인가된 저장량으로 재고기록계정을 유지하고, 편성부대에 대한 보급 및 정비지원을 제공하도록 편성된 부대

■ 직접지원(D/S : Direct Support)

• 지원부대가 지원 대상 부대의 작전통제나 또는 배속되지 않았어도 지원 대상 부대의 지원요청에는 지원의 최 우선권을 부여해서 지원하는 형태이다.

■ 직접지원정비(D/S Maintenance)

• 직접지원 정비부대가 주로 장비를 정비 의뢰한 사용자에게 돌려주기 위하여 실시하는 정비로서 직접지원 정비부대는 주로 현장수리, 주요 결합체와 소결합체의 교환, 현지 사용부대에 대한 부분품의 보급 및 기술지원 등을 제공하고 사용이 불가능한 결합체, 구성품 또는 완제품을 사용이 가능한 품목으로 교환하여 줌으로서 사용부대에게 직접교환 근무를 제공한다. 또한 사용이 불가능한 부분품, 구성품 또는 결합체를 교환하고 필요한 결합체와 구성품을 수리한다.
  - 직접지원 정비부대는 현장에서 수리할 수 없는 사용불가 장비를 사용부대로부터 수리를 할 수 있는 지점이나 폐품 수집소까지 후송을 지원할 수가 있다.
  - 직접지원 정비부대는 장비의 상태와 부대정비의 효율성을 확인하기 위하여 부대정비에 대한 실태를 점검하고 장비에 대한 점검, 검사의 수행을 돕는다.

■ 직접교환

• 사용 불가능한 품목과 사용 가능한 동일품목을 1 : 1로 교환하는 것을 말한다.

■ 창정비(DM : Depot Maintenance)

- 최고 수준의 정비를 실시하는 단계로서, 창정비 시설에 후송된 장비 및 품목의 완전분해수리, 재생을 실시하며, 5계단 정비를 분리하여 정비개념 수립 및 교범 발간 등 제반활동을 수행한다.

■ 청구보급제도(Requisitioning Supply System)

- 사용부대의 청구행위에 의하여 보급조치를 취하는 보급제도
- 통제품목 중 할당보급을 제외한 품목들로 이는 사용부대 또는 보급지원부대의 청구행위에 의하여 보급조치를 취하는 보급제도이며, 보조품이나 소모품 그리고 비인가 장비 등은 사용부대에서 소요를 산출하여 지휘계통으로 인가 상신한다. 즉 사용자 단위부대 편성부대 직접 지원부대 일반지원부대 기지보급부대 보급원천의 위계적 보급추진 계통에 따라 단계별로 보급소요가 발생할 때마다 적기에 청구조치를 취함으로서 보급조치가 이루어지는 형태의 보급제도이다.

■ 초과품

- 단위부대, 편성부대, 시설부대, 특정 기능부대에서 총 인가량 또는 인가수준을 초과하는 물자를 말한다. 여기에 사용 가능품만 아니라 요 수리품목으로서 수리하여 사용할 수 있는 품목도 포함한다.

■ 치장

- 장비 및 물자의 사용통제와 치장방침에 의거, 평시 운영량(운용수준) 초과분, 인가초과분 및 전시긴요 물자, 장비 등에 대하여 사용을 완전 통제함으로써 전시소요를 충당하기 위하여 일정한 장소에 저장하는 것.

■ 치장장비

- 전시 편제에 인가된 소요(완편-감편)을 위해 확보한 장비 중 평시에 사용하지 않고 일정한 장소에 저장 관리하고 있는 장비

■ 치중대(輜重隊)

- 치중대는 군수지원을 제공하는 제반 전투근무 지원부대의 집단을 말하며, 지상부대에 의해 보급, 후송 및 근무를 제공하는 차량과 그 운용요원으로 구성된다.
- 치중대는 각종 분배소, 영현반, 그리고 지원배속부대 및 예하대 일부 치중대가 위치하며 전투 치중대와 야전 치중대로 구분한다.

■ 키트(Kit)

- 결합체를 구성하는 부분품 중에서 고장이 나기 쉬운 부분품들을 모아서 한 포장단위로 보급하는 집합된 수리부속.

■ 편성부대

- 보병연대, 포병대대, 정비대대 등 2개 이상의 단위부대로 구성된 부대로서 편성 및 장비표에 의거 편성된 부대이며, 편성부대는 물품출납공무원이 임명되어 보급업무 수행. 편성 및 장비표와 배당표에 의거 운영되는 부대.

■ 평균고장간 시간 (MTBF : Mean Time Between Failure)

- 수리 가능한 품목의 신뢰성 특성치를 표현하는 단위로, 총 운용시간을 총 고장 횟수로 나눈 평균값이다.

■ 평균고장간 사격발수 (MRBF : Mean Round Between Failure)

- 총 사격발수를 총 고장횟수로 나눈 값으로, 화포체계에 적용한다.

■ 평균고장간 주행거리 (MKBF : Mean Kilometer Between Failure)

- 총 주행거리를 총 고장횟수로 나눈 값으로 정의되며, 엔진/변속기 등에 대한 고장률 값 산정 시 적용한다.

■ 폐기율(M/R : Mortality Rate)

- 사망률 또는 손실율이라고도 하며, 사망률은 인사계통에서 주로 사용하고 손실율

또는 폐기율은 군수계통에서 주로 사용되는 용어로서 완성장비, 결합체 및 구성품을 재생하는 과정에서 사용될 보충 부속품의 소요예측에 적용하기 위하여 설정된 부속품의 손실율을 말하며, 이는 장비, 결합체 및 구성품을 조성하고 있는 각 부속품의 총 수량에 대한 폐기될 각 부속품 수량이 차지하고 있는 비율로서 100(%) 분율로 표시된다.

■ 폐품

- 경제적 수리한계를 초과한 물자로서 원래의 목적에 사용 할 수 없는 물자를 말한다.

■ 폐처리

- 폐품 및 폐 장비 검정결과 경제적 수리한계가 초과되고 정비 및 재생작업을 할 가치가 없는 품목으로서 재생과정에서 발생하는 장비 및 부속품 결합체에 대하여 군 보유자산에서 삭제하는 과정을 말한다.

■ 표본검사 (Sample Inspection)

- 검사대상품을 전부검사하지 않고 부분적으로 표본을 선택하여 검사하고 그 결과로 전체의 상태를 평균적으로 판정하는 검사(일명 샘플링검사),검사횟수에 따라 1회, 2회, 다회 표본검사 및 축차 표본검사로 구분되며, 검사형태상 종류는 조정형 표본검사, 선별형 표본검사, 기준형 표본검사, 연속생산형 표본검사 등으로 구분됨.

■ 표준 장비(Standard Equipment)

- 작전요구 성능을 충족시키고 기준에 적합한 장비(부대 실용시험 결과 채택키로 결정된 장비, 제대별로 소요가 광범위한 장비, 계속 군이 보유하고 관리 유지해야 할 장비), 완제품으로 조달이 가능한 장비, 국방규격 제정 대상 장비, 상용장비 중 조건을 충족하는 장비(군 계통을 통하여 보급 및 정비유지가 되어야 할 장비, 전투지원 및 전투근무지원에 직접 참여하는 장비, 제대별 소요가 광범위한 장비) 무기체계로 채택된 장비

■ 표준화 (Standardization)

- 군수품의 조달, 관리 및 유지를 경제적이며 효율적으로 수행하기 위하여 표준을 설정하고, 이를 활용하는 조직적 행위와 기술적 요구사항을 결정하는 규격 및 표준품목 등의 지정에 관한 제반 활동을 말한다.

■ 품질관리 (Quality Control, QC)

- 생산자가 수요자의 요구를 충족하는 제품을 경제적으로 만들기 위한 모든 수단과 체계로서 제품결함을 예방 및 통제하는 기능을 말한다.

■ 품질보증 (Quality Assurance, QA)

- 무기체계가 전 수명주기에 걸쳐 사용자 요구조건이 충족되도록 개발 단계부터 품질을 설계하고, 생산단계에서 품질을 형성하며, 배치 및 운영단계에서 품질을 유지 및 관리함에 있어서 신뢰감을 확보하기 위하여 계획되고 조직된 총체적인 활동을 말한다. 협의로는 생산단계에서 설계품질을 형성하는 과정에 대한 계획검토 · 절차평가 · 확인검사 및 시정조치 등을 포함한 정부의 제반활동을 말한다.

■ 하자(瑕疵, Defect)

- 군수품 치수, 재질, 성능 및 시험방법에 대한 품질보증도가 기술 자료에서 규정한 치수나 수준에 미달되어 계약조건을 충족하지 못하는 품목을 말함.

■ 하자품(Defective Item)

- 계약서상의 규격 및 품질 요구조건과 상이한 품목을 말하며, 납품업체에서 완전 포장상태 하에 납품한 군수품의 과부족, 파손품, 이종품, 기능 및 상태의 불량시 사용부서 및 군수품 관리부서에서 군수품의 품질 특성 (외견, 치수, 성능,
- 수명, 보수의 용이성, 맛, 냄새 등 제반사항), 재질, 시험방법, 등급, 용도의 적합성 등 보증도가 계약서에 규정된 규격서의 기준치 미달로 판정된 것 등

■ 할당보급

- 사용부대 의사와 관계없이 수요실적 이외의 방법으로 소요를 예측하여 가용한 자원으로 시설부대에서 통제보급 하는 제도

■ 현장정비(On-Site Maintenance)

- 현장정비는 소규모 정비제대(반, 팀)가 장비가 운용되는 현장지역에 출동하여 불가동 장비를 구난하거나 수리를 통하여 가동상태를 복구시키는 제반 활동을 말하며 현장복구와 동일한 의미를 가진다.
- 현장정비에서 현장지역이란 장비가 위치하여 운용되는 곳을 말하며 전투부대가 전개된 상황 하에서는 접적지역으로부터 대대 전투치중대까지의 지역을 망라한다.

■ 해외정비

- 국내 군 및 민간업체에서 정비능력이 없을 때 해외에 정비를 의뢰하는 것을 말한다.

■ 혼성장비

- 독립적인 장비로 분류되는 2개 이상의 장비가 상호 결합되어 독자적인 장비명 또는 모양을 가지고 기능을 발휘하는 복합체로서, 주장비와 보조 장비로 구분되는 장비를 말함.
  - 혼성장비 "예" : AH-1S (코브라) 공격헬기에 장착된 2.75″로켓, 발칸, 토우는 보조 장비이며, 항공기능으로 분류
  - 장비의 수령, 저장 및 불출에 대한 군수책임은 1개 기능에 속하나, 혼성장비는 2개 이상의 기능에 의해서 불출 및 정비지원이 된다.

■ 후송(Evacuation)

- 후송은 현장 또는 하급정비시설에서 수리할 수 없는 장비를 상급정비 시설이나 후방지역으로 보내는 것을 말한다.
- 일반적으로 전투지역에서의 후송은 연대치중대를 벗어날 때 이루어지며 후송시에는 부대 자산의 감소와 관련되는 보급행정이 수반된다.

Section 02. 기술교범 작성

1 개 요

가. 개 념

기술교범은 체계를 운용 · 유지하는데 소요되는 기술자료로서 정비교범(사용자정비, 부대정비, 창정비), 보급교범으로 구분하고 책자형과 전자식기술교범(IETM)으로 구분한다.

나. 적 용

1) 탄약교범은 탄종의 특성을 고려하여 소요군, 관련기관, 개발업체간 협의를 통해 개발방향 · 범위 등을 결정한다.
2) 사용자용 탄약교범은 탄약의 특성과 운용제원 등을 주장비 사용자 정비교범에 포함하여 작성한다.
3) 부대 · 야전 · 창정비 탄약교범은 탄약 특성과 탄약부대의 업무 절차에 부합되도록 별도의 기술교범을 개발한다.

2 기술교범 분류

가. 군수지원 기능별 분류

구 분	군수지원기능번호 · 기능	
기술교범 (사용자～창)	1 / 화력	6 / 일반장비
	2 / 특수무기	7 / 물자
	3 / 기동	8 / 의무
	4 / 항공 및 선박	9 / 물자II
	5 / 통신전자	0 / 탄약

나. 발간 형태별 분류

1) 책자형 교범

2) 전자식 교범(IETM)

구 분	책자형 기술교범	전자식 기술교범
작성기준	· 기술교범 국방규격서	· 기술교범 국방규격서
작성 S/W	· 워드용 프로그램(체계지침)	· 전자식기술교범 제작프로그램
포함사항	· 운용절차 및 예방정비지침 · 정비계단별 정비지침 · 고장배제절차	· 정비할당표 · 수리부속 및 특수공구 목록 · 탄약 수반 기본불출품목 식별

다. 내용에 따른 분류

1) 정비교범

가) 기본형 : 10, 20, 30

나) 통합형 : 12, 13, 14

2) 수리부속품 및 특수공구목록 교범

가) 기본형 : 20P, 30P, 40P

나) 통합형 : 12P, 13P, 14P, 23P, 24P, 34P

3) 정비 및 수리부속품 ·특수공구목록 교범

가) 기본형 : 20 및 P, 30 및 P, 40 및 P

나) 통합형 : 12 및 P, 13및 P, 14 및 P, 23 및 P, 24 및 P, 34및 P

4) 주유명령서(LO)

5) 탄약교범(AM)

6) 시험장비운용지침서(TEG)

7) 특수공구사용지침서(STG)

8) 승무원점검표(CL)

9) 구성품목록(HR)

10) 점검표(PM, PMC, PMD, PMS, MTF)

11) 수송지침서(TG)

12) 전장응급정비교범(BDAR)

13) 창정비작업요구서(DMWR)

3 연구개발시 기술교범 발간 업무

가. 개발단계별 수행업무

<table>
<tr><th colspan="2">체계 획득단계</th><th>기술교범 업무</th></tr>
<tr><td>소요단계</td><td>· 전력화지원요소 개략 요구</td><td>· 기술교범 개발 소요제안
(종류, 수량, 발간계획)</td></tr>
<tr><td>연구단계</td><td>· 체계개념 연구계획서 작성</td><td>· 기술교범 개발소요 검토, 발전</td></tr>
<tr><td rowspan="4">체계개발
단계</td><td>· 작전운용성능(ROC) 건의</td><td>· 기술교범 소요검토 의견제시 및 기술교범 발간계획 검토</td></tr>
<tr><td>· 체계개발동의서 작성
(전력화지원요소 요구)</td><td>· 기술교범 발간소요 반영
· 기술교범 초안 작성, 발간계획 검토</td></tr>
<tr><td>· 체계개발 계획서 작성</td><td>· 기술교범 발간 일정계획 수립
· 기술교범 시험계획 작성</td></tr>
<tr><td>· 시험평가
(전력화지원요소 입증, 확증)</td><td>· 시험결과 기술교범 초안 입증, 확증
· 기술교범 초안 수정, 보완</td></tr>
<tr><td>배치 및
운용</td><td>· 전력화배치
· 전력화 평가</td><td>· 기술교범 발간, 배포
· 기술교범 수정 및 보완</td></tr>
</table>

나. 기술교범 주요 포함사항

구성요소	주 요 포 함 사 항
운용지침	· 탄약의 특성, 주요 구성품의 위치 및 설명, 탄약제원 · 해당 무기체계 및 탄약을 운용하기 위한 운용원리, 작동, 탄약정비에 필요한 세부절차 기술
정비지침	· 해당 무기체계 및 탄약을 구성하는 완제품, 구성품 및 조립체에 대한 정비절차, 시험절차, 고장배제 절차를 편성 · 편성된 절차를 세부절차에 의거 기술
정비할당표	· 합의된 정비개념과 편성된 정비절차, 시험절차, 고장배제 절차를 정비계단(수준)에 적합하도록 정비할당표 작성
수리부속품 및 특수공구 목록	· 완성탄약을 구성하는 구성품, 조립체, 부품의 분류 · 해당 무기체계 및 탄약에 필요한 수리부속품 및 특수 공구, 시험장비에 대한 분류 · 목록화
탄약 기술교범	· 탄약 구조 및 제원 · 탄약 저장방법, 적재 및 결박방법, 위험급수 · 양거리, 취급안전, 사격시 안전 · 탄약 검사·정비 한계 설정, 정비 단계별 작업내용, 검사·정비·처리 특수장비 및 공구 · 탄약 검사·정비·처리 표준작업 절차

다. 기술교범 발간 승인 검토기관

기 관		교 범 명
교육사	병 과 교	· 부대정비 및 보급교범(1-2계단)
	군수학교	· 야전정비 및 보급교범(3-4계단), 탄약기술교범
군수사(탄약사)		· 정비 및 보급교범, 탄약기술교범
국방기술품질원		· 기술회보, 수정판 및 최신화 교범

4 기술교범 작성

가. 기술교범 번호부여

기술교범 K 9(2) - 1005 - 287 - 20 및 P 특수형태 설명문자

가. 획득구분
나. 기본번호
다. 군수지원 기능번호
라. 연방보급분류번호
마. 발행일련번호
바. 정비계단구분번호
사. 보급교범

* 포함사항 : 획득구분, 기본번호(군수지원기능번호), 연방보급분류번호(FSC), 발행 일련번호, 정비계단 구분번호 순으로 작성, 발간 승인시 부여

1) 획득구분 : 획득원 부호는 생산국의 영문 첫글자 표기

국가	국내	미국	러시아	프랑스	독일	스웨덴	영국	스위스
표기	K	U	R	F	D	S	E	W

2) 기본번호 : 장비의 병과 또는 형태를 나타내는 번호

기본번호	병 과	기본번호	병 과
1	항 공	7	방 공
2	정 보	8	의 무
3	화 학	9	병 기
5	공 병	10	병 참
6	포 병	11	통신/전자
		55	수송

3) 군수지원기능번호 : 군수품 분류와 군수지원기능을 의미

기능번호	기 능	기능번호	기 능
0	화력	5	통신
1	특수무기	6	일반장비
2	기동	7	의무
3	항공	8	정밀측정
4	함정	A	물자(2종)
		B	물자(1,3,4종)

4) 연방보급분류번호 : 장비 계열 및 종류를 나타내는 번호로서 FSC(Federal Supply Classification Code)는 보급품 분류의 한 기준으로서 4자리 숫자로 구성. 앞의 두 자리는 군(Group)을, 뒤의 두 자리는 급(Class)을 나타낸다.

FSC(연방보급분류번호)의 군급부호 구성 예시			
그룹10 무기	1005 : 30mm까지 총포	그룹10 무기	1070 : 병기용 네트(그물)
	1010 : 30mm 초과~75mm 미만 포		1075 : 소해장비
	1015 : 75mm 이상~125mm 이하 포		1080 : 위장 및 기만용 장구
	1020 : 125mm~150mm까지의 포		1090 : 무기체계간 상호 교환
	1025 : 150mm~200mm까지의 포		1425 : 유도 무기
	1030 : 200mm~300mm까지의 포	그룹25 차량장비 구성품	2510 : 차량의 바디
	1035 : 300mm 초과 포		2520 : 차량 동력전달장치
	1040 : 화학무기 및 장비		2530 : 차량 브레이크, 바퀴
	1045 : 어뢰 및 폭뢰 발사대		2540 : 골격 구성품
	1055 : 로켓 및 신호탄 발사대		2590 : 기타 차량 구성품

5) 발행 일련번호 : 발행 일련번호는 교범이 제작되어 발간되었을 때 부여된 일련번호이며 발간승인기관에서 부여한다.

6) 정비계단 구분번호 : 정비범주를 아라비아숫자로 표시 기록

기 본 형	정비계단	통 합 형	정비계단
사용자교범	10	사용자 및 부대정비교범	12
부대정비교범	20	사용자, 부대, 직접지원정비교범	13
		부대, 직접지원정비교범	23
직접지원정비교범	30	직접, 일반지원정비교범	34
일반지원정비교범	40	사용자, 부대, 직접, 일반지원 정비교범	14

7) 추가문자 : 점검교범 등 교범의 특수형태를 설명하는 문자로서 정비계단 구분번호를 생략하고 표기

문 자	설 명	원 어
CL	승무원점검표	Crew Checklist
HR	구성품목록	Hand Receipt
PM	구간정비검사점검표	Phased Maintenance Inspection Checklist(aircraft)
PMC	예방정비점검표	Preventive Maintenance Checklist
PMD	예방정비일일검사점검표	Preventive Maintenance Daily Inspection Checklist(aircraft)
BD	전장응급정비	Battlefield Damage Assessment & Repair
STG	특수공구사용지침서	Special Tool Guide
LO	주유명령서	Lubrication Order
TG	수송지침서	Transportation Guide
TEG	시험장비운용지침서	Test Equipment Guide
AM	탄약교범	Ammunition Manual

8) 수리부속품 및 특수공구목록교범 : 해당 장비 기술교범의 정비구분번호 뒤에 “P”(Part)자를 붙이며, 정비교범과 통합 발간할 때는 및 “P”자를 붙임

Section O3. 신뢰도 중심 정비(RCM)의 개념[6)]

1 The reliability-centered maintenance(RCM) concept

Maintenance is defined as those activities and actions that directly retain the proper operation of an item or restore that operation when it is interrupted by failure or some other anomaly(Within the context of RCM, proper operation of an item means that the item can perform its intended function). These activities and actions include fault detection, fault isolation, removal and replacement of failed items, repair of failed items, lubrication, servicing (includes replenishment of consumables such as fuel), and calibrations. Other activities and resources are needed to support maintenance. These include spares, procedures, labor, training, transportation, facilities, and test equipment. These activities and resources are usually referred to as logistics. Although some organizations may define maintenance to include logistics, it will be used in this document in the more limited sense and will not include logistics.

Prior to the development of the RCM methodology, it was widely believed that everything had a "right" time for some form of preventive maintenance (PM), usually replacement or overhaul. A widespread belief among many maintenance personnel was that by replacing parts of a product or overhauling the product (or reparable portions thereof), that the frequency of failures during operation could be reduced. Despite this previous commonly held view, the results seemed to tell a different story. In far too many instances, PM seemed to have no beneficial effects. Indeed, in many cases, PM actually made things worse by providing more

6) Headquarters, Department of The Army, TM 5-698-2, 2003.

opportunity for maintenance-induced failures.

The RCM concept has completely changed the way in which PM is viewed. It is now a widely accepted fact that not all items benefit from PM. Moreover, even when PM would be effective, it is often less expensive (in all senses of that word) to allow an item to "run to failure" rather than to do PM. In the succeeding discussions, we will examine the RCM concept in more detail. We will explore the meaning of terms that are central to the RCM approach. These terms include failure characteristics, efficiency, run to failure, cost, and function.

The RCM approach provides a logical way of determining if PM makes sense for a given item and, if so, selecting the appropriate type of PM. The approach is based on the following precepts.

1) The objective of maintenance is to preserve an item's function(s). RCM seeks to preserve system or equipment function, not just operability for operability's sake. Redundancy improves functional reliability but increases life cycle cost in terms of procurement and life cycle cost.

2) RCM focuses on the end system. RCM is more concerned on maintaining system function than individual component function.

3) Reliability is the basis for decisions. The failure characteristics of the item in question must be understood to determine the efficacy of preventive maintenance. RCM is not overly concerned with simple failure rate ; it seeks to know the conditional probability of failure at specific ages (the probability that failure will occur in each given operating age bracket).

4) RCM is driven first by safety and then economics. Safety must always be preserved. When safety is not an issue, preventive maintenance must be justified on economic grounds.

5) RCM acknowledges design limitations. Maintenance cannot improve the

inherent reliability-it is dictated by design. Maintenance, at best, can sustain the design level of reliability over the life of an item.

6) RCM is a continuing process. The difference between the perceived and actual design life and failure characteristics is addressed through age (or life) exploration.

2 Categories of maintenance

Maintenance is usually categorized by either when the work is performed or where the work is performed.

a. Categorizing by when maintenance is performed

In this case, maintenance is divided into two major categories : preventive and corrective. Figure. 3-1 illustrates how these two categories are further broken down into specific tasks. These categories of maintenance, corrective and preventive, are further subdivided in some references into reactive, preventive, predictive, and proactive maintenance.

1) Reactive maintenance.

This term is equivalent to corrective maintenance and both are also referred to as breakdown, repair, fix-when-fail, or run-to-failure maintenance.

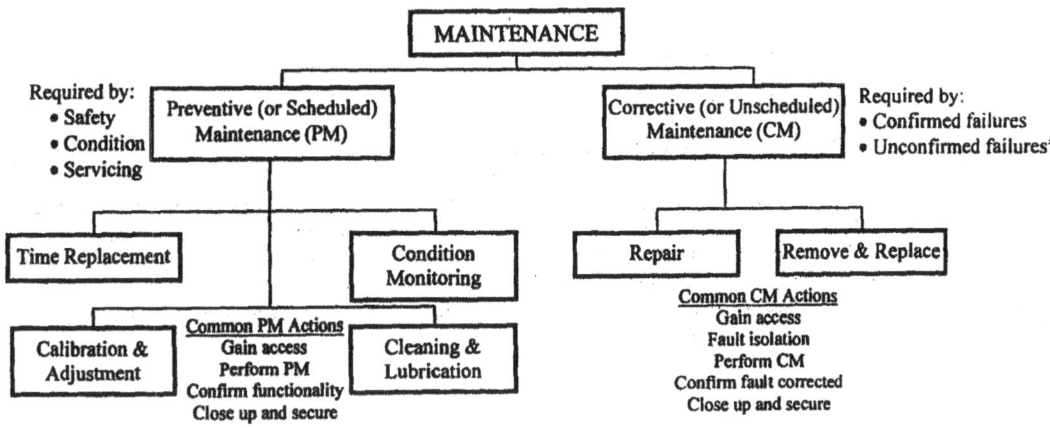

* Unconfirmed failures result from false alarms in the built-in test, intermittent failures, or test equipment failures. Unconfirmed failures will trigger some unscheduled maintenance actions, ranging from confirming no fault exists (attributed to false alarm or Cannot Duplicate) to removing and replacing the item only to later find (at another level of maintenance) that the item is good (Retest OK).

▲ Fig. 3-1 Major categories of maintenance by when performed

2) Proactive maintenance.

Includes actions intended to extend useful life, such as root-cause failure analysis, continual improvement, and age exploration. Proactive and predictive are treated herein as categories of preventive maintenance, with proactive included under Scheduled, predictive under Condition-based, and age exploration as a separate step in the RCM process.

b. Categorizing by where maintenance is performed

Maintenance can also be categorized by where the work is performed. These categories are referred to as levels of maintenance. The categories most often used are shown in figure 3-2.

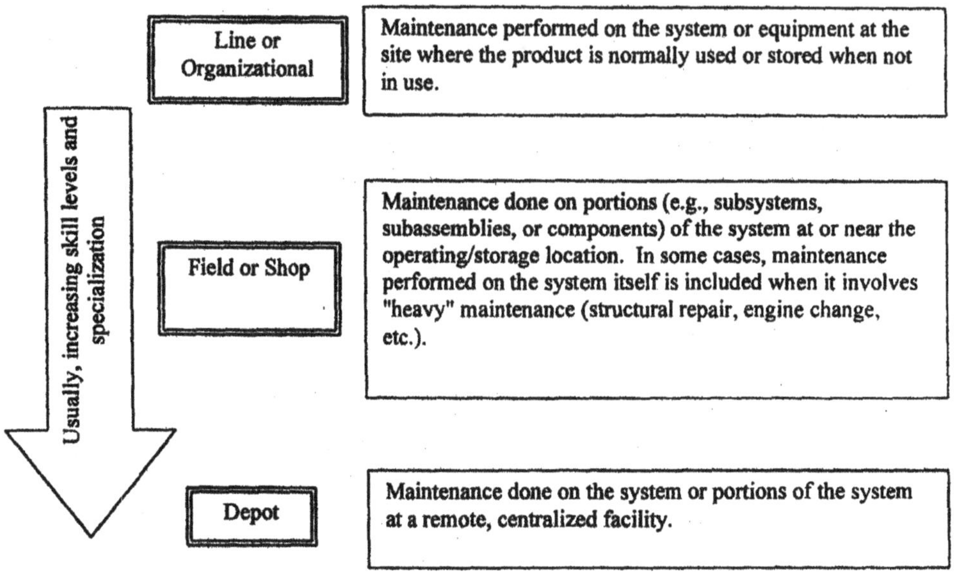

▲ Fig. 3-2. Typical approach to categorizing maintenance by where it is performed.

3 Categorization by when maintenance if performed

a. Preventive maintenance.

Preventive maintenance(PM) is usually self-imposed downtime (although it can be done while corrective maintenance is being performed and it may even be possible to perform some PM while the product is operating). PM consists of actions intended to prolong the operational life of the equipment and keep the product safe to operate. This manual defines two types of PM : Scheduled and Condition-based. In both cases, the objectives of PM are to ensure safety, reduce the likelihood of operational failures, and obtain as much useful life as possible from an item. Table 3-1 has examples of each type of PM.

Table 3-1 Examples of tasks under two categories of preventive maintenance

Category	Tasks	Examples	Notes
Scheduled[1]	Remove and replace (R&R)	R&R batteries in smoke alarm twice annually	Maintenance is performed without regard to actual condition of item. Interval based on useful life and other factors. Includes all lubrication and servicing.
		R&R gun barrel after 5,000 rounds have been fired	
		Change oil every 3,000 miles	
		Lubricate bearings every 25,000 shaft revolutions	
	Overhaul or recondition	Overhaul transmission every 100,000 miles	Item is overhauled or reconditioned without regard to actual condition. Interval based on useful life and other factors.
		Refinish blades every 2,000 operating hours	
	Recalibrate	Recalibrate depth setting on drill press daily.	Compensate for changes in calibration due to vibration and other conditions of use.
		Recalibrate gage against standard at beginning of each shift	
Condition[2]	Inspect item or area	Visually inspect belts and pulleys for excessive wear prior to starting machine	Inspections can be performed using human senses (e.g., visually check belts for wear), using non-destructive inspection (NDI) techniques (e.g., inspect for corrosion using dye penetrant), or special measuring equipment (check tread depth using gage). Can also include functional check to determine proper operation.
		Inspect for corrosion every 2 weeks	
		Inspect for delamination or disbond weekly	
		Inspect tires for cuts and proper tread depth before and after each flight	
		Inspect for hidden failure of redundant item	
	Monitor condition	Continuously monitor vibration profile and R&R bearing when limits reached	Objective is to take action before useful life has been reached or a functional failure has occurred. Parameter limits and profiles based on analysis, test, and field experience. Monitoring can but does not need to be continuous.
		Check sample of oil every 50 operating hours for presence of wear metals and overhaul engine when limits reached	

1. Based on time.

2. Based on observed or measured condition.

1) Scheduled maintenance

When a specified interval between maintenance is required, the maintenance is referred to as scheduled preventive maintenance. The interval may be in terms of hours, cycles, rounds fired, or other measure meaningful to the manner in which the item is operated. Note that with scheduled PM, no attempt is made to ascertain the condition of the item. Scheduled maintenance may also consist of re-calibrations or adjustments made at regular intervals. Some texts categorize, inspections as scheduled PM. Certainly, inspections are based on some periodic interval or event (e.g.

inspection of an aircraft prior to and after each flight). However, since the purpose of an inspection is to ascertain the condition of the item, we have chosen to include it under the next category of PM, Condition-based.

2) Condition-based maintenance

Preventive maintenance performed to ascertain the condition of an item, detect or forecast an impending failure, or performed as a result of such actions is referred to as Condition-based PM.

(a) A hidden failure of an item is one that has already occurred, has not affected performance of the end system, but will if another item fails. Ideally, through some form of warnings or monitoring device, no failure will be "hidden". In reality, it is impractical and not always feasible to detect every failure of every item in a system and alert the operator or maintainer that the failure has occurred. Inspections are therefore needed to detect such failures. Maintenance that is required to correct a hidden failure condition is, of course, corrective maintenance.

(b) Some texts use terms such as predictive maintenance and on-condition. The definition of condition based PM used herein includes these concepts. In summary, the objectives of condition-based PM are to first evaluate the condition of an item, then, based on the condition, either determine if a hidden failure has occurred or a failure is imminent, and then take appropriate action.

b. Corrective maintenance

As already alluded to, corrective maintenance (CM) is required to restore a failed item to proper operation.

1) Restoration

Restoration is accomplished by removing the failed item and replacing it with a new item, or by fixing the item by removing and replacing internal components or by some other repair action.

2) When CM is required

CM can result from system failures or from condition-based PM.

(a) When system operation is impaired by the failure of one or more items, the operator is usually and immediately alerted to the problem. This alert may come from obvious visual or sensory signals (i. e. the operator can see, hear, or feel that a problem has occurred) or from monitoring equipment (indicators, built-in diagnostics, annunciator lights, etc.). When the alert comes from the latter, it is possible that a system failure has in fact not occurred. That is, the detecting equipment itself has failed or a transient condition has occurred resulting in an indication of system failure that is false or cannot be duplicated. Whether or not an actual system failure has occurred, any indication that one has will necessitate CM. The CM may result in a Cannot Duplicate (CND) or Retest OK (RTOK), in-place repair, or replacement. CNDs and RTOKs are serious problems in very complex systems for two reasons. First, they consume maintenance time and can cause unnecessary loss of system availability. Second, without in-depth test and analysis, one cannot be certain whether the detecting equipment failed, the system did fail, or transients caused the failure(and is not evident except under those transient conditions).

(b) When inspection or condition monitoring detects a hidden or failure, then some form of corrective maintenance is required.

c) If the only concern were to obtain the greatest possible amount of life from an item, it would be allowed to run-to-failure. Under a run-to-failure approach, only CM would be required. No PM would be performed.

However, the economic and safety consequences of some failures make a run-to-failure approach untenable. Consequently, most practical maintenance programs consist of a combination of PM and CM. Determining what combination is "right" for an item is one of the objectives of the RCM process.

참고문헌

국방부, 국방군수용어 편람, 1991.

김동현외 2인, 「정비관리학」, 서울 : 노드미디어. 2009.

김문조 · 김백현 · 전종순, 「무기체계 획득 & 종합군수지원(ILS)」, 서울 : 양서각. 2011.

방위사업청, 「종합군수지원 개발 실무지침서」, 서울 : 방위사업청. 2013.

삼성탈레스, 「군수공학 및 관리」, 서울 : 학연문화사, 2008.

삼성탈레스, 「ILS 핸드북」, 서울 : 학연문화사, 2008.

종합군수학교, 「정비관리 교재」, 2009.

Benjamin S. Blanchard, Logistics Engineering and Management ,New Jersey : Prentice-Hall, 1974. pp. 80-91, 36-38.

Benjamin S. Blanchard, Logistics Engineering and Management ,New Jersey : Prentice-Hall, 1992.

Headquarters, Department of The Army, TM 5-698-2 : Reliability-Centered Maintenance (RCM) for Command, Control, Communications, Computer, Intelligence, Surveillance, and Reconnaissance (C41SR) Facilities, Washington, DC, 2003.

국방부 훈령 793호('06. 6. 29) 국방전력 발전 업무 규정

교육회장 94-3-12('95. 3. 30) 정비부대 전술적 운용

야교 42-1('05.12.30) 부대정비 근무

야교 42-2('06.7.31) 야전정비 근무

육규 419 군수품 분류 및 관리 책임 규정

육규 432 장비 및 물자 정비 규정

육규 480 장비 정비 규정

무기체계 정비관리 기초

인쇄 2019년 4월 06일
발행 2019년 4월 10일

저 자 조 필 군

발행인 임 영 철

발행처 도서출판 신화전산기획
주소 / 서울특별시 성동구 마조로 3나길 28
전화 / (02) 833-5145~6
팩스 / (02) 848-2498
등록 / 301-2010-034
홈페이지 / www.shj.co.kr

* 무단 전재와 복제를 금합니다.
* 저자와 협의하여 인지는 생략합니다.

가격 16,000원 ISBN 978-89-5534-237-6 93550

"이 연구는 2019학년도 광주대학교 대학연구비의 지원을 받아 수행되었음"